边缘智能计算应用

组　编　北京新大陆时代科技有限公司

主　编　苑占江　马国峰

副主编　张宪金　陈　胜

参　编　龚坚平　赵嘉阳

机 械 工 业 出 版 社

边缘智能计算是人工智能的前沿技术。本书由浅入深、图文并茂，紧随边缘计算在工业界的最新发展，给出大量的编程和项目案例分析。本书结构完整，理论和实践结合，广度与深度兼备，不仅有理论的阐述和简单的结果展示，而且系统性剖析边缘智能计算技术的重要性，从夯实理论到完成实战一气呵成。本书采取项目驱动教学模式，以学生为主体，以任务为导向组织内容。

本书共 5 个项目，内容包括边缘计算开发板基础应用、边缘计算算法 SDK 应用、TensorFlow 图像上色模型部署、PyTorch 目标检测模型部署、TFLite 手掌检测模型部署。本书根据岗位工作任务要求，确定学习任务内容，设计选取了 14 个工作任务。

本书可作为各类职业院校人工智能技术应用及相关专业的教材，对于从事边缘计算产品应用和研发的相关技术人员与爱好者也有一定的参考价值。本书配有 PPT 电子课件，选用本书作为教材的教师可登录机械工业出版社教育服务网（www.cmpedu.com），免费注册后下载获取或联系编辑获取（010-88379194）。本书还配有微课，读者可直接扫码观看。

图书在版编目（CIP）数据

边缘智能计算应用/北京新大陆时代科技有限公司组编；
苑占江，马国峰主编. —北京：机械工业出版社，2024.5
ISBN 978-7-111-75511-1

Ⅰ．①边⋯　Ⅱ．①北⋯②苑⋯③马⋯　Ⅲ．①智能技术
Ⅳ．①TP18

中国国家版本馆CIP数据核字（2024）第067183号

机械工业出版社（北京市百万庄大街22号　邮政编码100037）
策划编辑：李绍坤　　　　　　责任编辑：李绍坤　张翠翠
责任校对：韩佳欣　李小宝　　封面设计：马精明
责任印制：刘　媛
涿州市般润文化传播有限公司印刷
2024 年 5 月第 1 版第 1 次印刷
210mm × 285mm · 10.25印张 · 303千字
标准书号：ISBN 978-7-111-75511-1
定价：35.00元

电话服务　　　　　　　　　网络服务
客服电话：010-88361066　　机　工　官　网：www.cmpbook.com
　　　　　010-88379833　　机　工　官　博：weibo.com/cmp1952
　　　　　010-68326294　　金　书　网：www.golden-book.com
封底无防伪标均为盗版　机工教育服务网：www.cmpedu.com

随着物联网、人工智能和云计算等技术的快速发展，边缘智能计算作为一种创新的计算模式，正逐渐成为人们关注的焦点。本书以深入浅出的方式介绍了边缘智能计算的概念、原理和基础知识，并从多个角度系统地探讨了其在各个领域的应用。本书的主要内容包括边缘计算开发板基础应用、边缘计算算法SDK应用、TensorFlow图像上色模型部署、PyTorch目标检测模型部署、TFLite手掌检测模型部署，涵盖了边缘智能计算在智能交通、智能制造、智慧城市等行业的具体应用案例，展示了其在提高效率、降低成本、增强安全性等方面的显著优势，并且对其未来的发展趋势进行了展望。

本书聚焦于边缘智能计算的关键技术，如边缘计算算法SDK应用、RKNN模型的转换与推理、边缘端模型部署等。读者可通过对这些技术的理解和应用，实现对边缘智能计算系统的构建与优化。

本书以"信息技术+"助力新一代信息技术专业升级，满足职业院校学生多样化的学习需求，通过配备丰富的微课视频、PPT等资源，大力推进"互联网+""智能+"教育新形态，推动教育教学变革创新。

本书由院校和企业联合开发，充分发挥院校人才培养经验和企业优势，利用企业对岗位需求的认知及培训评价组织对专业技能的把控，结合教材开发与教学实施的经验，保证了本书的适应性与可行性。本书由北京新大陆时代科技有限公司组编，苑占江、马国峰担任主编，张宪金、陈胜担任副主编，龚坚平、赵嘉阳参加编写。其中，项目1由马国峰完成，项目2由张宪金完成，项目3由陈胜和龚坚平完成，项目4由赵嘉阳完成，项目5由苑占江完成。全书由苑占江统稿。

由于编者水平有限，书中难免出现疏漏和不妥之处，敬请广大读者批评指正。

编　者

序号	名称	图形	页码	序号	名称	图形	页码
1	SSH与瑞芯微 Rockchip RKNN		3	7	RKNN		78
2	OpenCV		11	8	COCO数据集		91
3	目标检测		23	9	模型部署		103
4	人脸识别		32	10	基于YOLOv5的实时检测模型部署		119
5	车牌识别		54	11	Mediapipe		133
6	TensorFlow简介		65	12	非极大值抑制		141

目 录

项目 ①

边缘计算开发板基础应用

引 导案例

为了解决传统数据处理时延高、数据实时分析能力匮乏等弊端，边缘计算技术应运而生。边缘计算是指在靠近物或数据源头的一侧，采用网络、计算、存储、应用核心为一体的开放平台，就近提供最近端服务。其应用程序在边缘侧发起，产生更快的网络服务响应，满足各行业在实时业务、应用智能、安全与隐私保护等方面的基本需求。边缘计算处于物理实体和工业连接之间，或处于物理实体的顶端。而云端计算仍然可以访问边缘计算的历史数据。

对人工智能而言，边缘计算技术取得突破，意味着许多控制将通过本地设备实现，而无须交由云端，处理过程将在本地边缘计算层完成。这无疑将大大提升处理效率，减轻云端的负荷。由于更加靠近用户，还可为用户提供更快的响应，将需求在边缘端解决。

边缘计算已经受到学术界、工业界以及政府部门的极大关注。2016年11月30日，由华为技术有限公司、中国科学院沈阳自动化研究所、中国信息通信研究院、英特尔公司、ARM和软通动力信息技术（集团）有限公司联合倡议发起的边缘计算产业联盟（Edge Computing Consortium，ECC）在北京正式成立，如图1-0-1所示。该联盟旨在搭建边缘计算产业合作平台，推动OT和ICT产业开放协作，孵化行业应用最佳实践，促进边缘计算产业健康与可持续发展。2022年1月12日，国务院印发的《"十四五"数字经济发展规划》中提到，要加强面向特定场景的边缘计算能力，强化算力统筹和智能调度。

边缘计算开发板旨在通过快速原型开发为各种类型的应用提供强大的深度学习功能。

本项目通过两个任务向读者介绍如何使用边缘计算开发板及了解其基础应用。任务1介绍开发板及一些应用案例体验。任务2介绍基于OpenCV的USB摄像头的使用。

图1-0-1 边缘计算产业联盟

任务1　　　　案例体验

知识目标

- 了解Linux与Debian操作系统。
- 了解RKNN组件。
- 了解MobaXterm命令行工具。
- 了解SSH和SFTP。

能力目标

- 能够根据设备布局图完成设备安装。
- 能够根据接线图完成设备接线。
- 能够部署调试程序。

素质目标

- 具有认真严谨的工作态度，能及时完成任务。
- 具有综合运用各种工具处理任务需求的能力。

任务描述与要求

任务描述：

本任务要求在开发板的JupyterLab环境下开发人脸识别应用体验。

任务要求：

- 使用远程终端控制软件将Notebook文件上传至开发板；
- 分别使用远程终端控制软件和实验环境自带的终端运行人脸识别应用案例。

任务分析与计划

根据所学相关知识，制订完成本任务的实施计划，见表1-1-1。

表1-1-1　任务计划

项目名称	边缘计算开发板基础应用
任务名称	案例体验
计划方式	自我设计
计划要求	请用4个计划步骤来完整描述出如何完成本任务
序　号	任务计划
1	
2	
3	
4	

知识储备

1. 人脸识别应用案例的功能介绍

人脸识别应用案例是边缘智能计算的简单的效果展示，其目的是让读者体验一下效果。人脸识别应用案例主要由以下几部分组成：

SSH与瑞芯微
Rockchip RKNN

- PyQt5的UI界面。

- 后台逻辑，包括人脸注册、人脸识别。

- SQLite 3数据库。

首先需要把人脸特征数据注册到数据库中，然后将视频流采集的最新图片与数据库中的特征进行对比，进行人脸识别。

PyQt是Qt框架的Python语言实现，由Riverbank Computing开发，是最强大的GUI库之一。PyQt提供了一个设计良好的窗口控件集合，每一个PyQt控件都对应一个Qt控件，因此PyQt的API接口与Qt的API接口很接近，但PyQt不再使用QMake系统和Q_OBJECT宏。

SQLite是一款轻型的数据库，是遵守ACID的关系型数据库管理系统，它包含在一个相对小的C库中。它的设计目标是嵌入式的，而且已经在很多嵌入式产品中使用了。它占用的内存非常少，在嵌入式设备中，可能只需要几百KB的内存就够了。它能够支持Windows/Linux/UNIX等主流的操作系统，同时能够跟很多程序语言相结合，比如Tcl、C#、PHP、Java等，还有ODBC接口。与MySQL、PostgreSQL这两款开源的世界著名数据库管理系统相比，SQLite的处理速度比它们快。

2. Linux与Debian操作系统简介

Linux全称为GNU/Linux，是一种免费使用和自由传播的类UNIX操作系统，是一个基于POSIX的多用户、多任务、支持多线程和多CPU的操作系统。它能运行主要的UNIX工具软件、应用程序和网络协议。它支持32位和64位硬件。Linux继承了UNIX以网络为核心的设计思想，是一个性能稳定的多用户网络操作系统。Linux有上百种不同的发行版，如基于社区开发的Debian、Arch Linux以及基于商业开发的Red Hat Enterprise Linux、SUSE、Oracle Linux等。

Debian是一个自由的Linux发行版，添加了数以千计的应用程序以满足用户的需要。Debian作为Linux开发系统、Ubuntu的前身、社区版操作系统，无版权，操作命令及包管理几乎和Ubuntu无异。

Debian具有以下优点：

1）稳定性。许多运行多年的机器都没有重启过。即便有的机器重启，也是由于电源故障或硬件升级。

2）更快、更容易的内存管理。其他操作系统也许在一两个领域内速度较快，但是基于GNU/Linux或GNU/kFreeBSD的Debian对硬件的要求很低且很平均。在GNU/Linux下，通过模拟器运行的Windows软件比在其原生环境中运行的速度更快。

3）良好的系统安全。Debian及自由软件社区非常注意在软件发布中快速地修复安全问题。经常有修复过的软件被上传。因为开放源代码，所以Debian的安全性会在开放的情况下被评估。而且其他自由软件项目也有相同级别的考核系统，用于防止潜在的安全问题被引入基本系统的重要位置。

4）安全软件。许多人并不知道，任何机器都可以看到用户在网络上发送的任何信息。Debian有著名的GPG（和PGP）软件，允许邮件在用户之间秘密地被发送。另外，SSH允许用户和其他安装了SSH的机器创建安全的链接。

缺点：官方对ARM的支持并不友好，对硬件平台几乎没有优化，全部基于CPU计算，在PC上也是如此，不适合做产品。UI开发非常麻烦，Linux并没有统一的UI框架可用。不要想指望Qt，Qt的代码量不亚于整个安卓系统，并且RK对Qt是没有官方支持的。

建议：和Fedora相同，熟悉Red Hat的人可以选择Fedora，熟悉Ubuntu的人可以选择Debian。

3. RKNN组件介绍

（1）RKNN-Toolkit组件介绍

RKNN-Toolkit是为用户提供的在PC、RockchipNPU平台上进行模型转换、推理和性能评估的开发套件，目前开发板支持的是1.7.1版本。最新的版本可以下载安装：https://github.com/rockchip-linux/rknn-toolkit。

组件分为两部分：转换引擎和推理引擎。

支持的平台系统：（PC）Windows、（PC）Linux_x86_64、（开发板）Linux_3399pro、（计算棒）Linux_1808，本书的开发板核心是3399Pro。

用户通过该工具提供的Python接口可以便捷地完成以下功能：

1）模型转换：支持Caffe、TensorFlow、TensorFlowLite、ONNX、Darknet、PyTorch、MXNet和Keras模型转换为RKNN模型。

2）量化功能：支持将浮点模型量化为定点模型，目前支持的量化方法为非对称量化、动态定点量化。

3）模型推理：支持在PC（Linux x86平台）上模拟RockchipNPU运行RKNN模型，并获取推理结果；也支持将RKNN模型分发到指定的NPU设备上进行推理。

4）性能评估：支持在PC（Linux x86平台）上模拟RockchipNPU运行RKNN模型，并评估模型性能（包括总耗时和每一层的耗时）；也支持将RKNN模型分发到指定NPU设备上运行，以评估模型在实际设备上运行时的性能。

5）内存评估：评估模型运行时系统内存的使用情况。支持将RKNN模型分发到NPU设备中运行，并调用相关接口获取内存使用信息。

6）模型预编译：通过预编译技术生成的RKNN模型可以减少NPU加载模型的时间。通过预编译技术生成的RKNN模型只能在NPU硬件上运行，不能在模拟器中运行。当前只有x86_64Ubuntu平台支持直接从原始模型生成预编译RKNN模型。

7）模型分段：该功能用于多模型同时运行的场景。将单个模型分成多段在NPU上执行，借此来调节多个模型占用NPU的时间，避免因为一个模型占用太多的NPU时间而使其他模型无法及时执行。

8）自定义算子功能：当模型含有RKNN-Toolkit不支持的算子（Operator）时，模型转换将失败。针对这种情况，RKNN-Toolkit提供自定义算子功能，允许用户自行实现相应算子，从而使模型能正常转换和运行。自定义算子目前只支持TensorFlow框架。

9）量化精度分析功能：RKNN-Toolkit精度分析功能可以保存浮点模型、量化模型推理时每一层的中间结果，并用欧式距离和余弦距离评估它们的相似度。

10）可视化功能：该功能以图形界面的形式呈现RKNN-Toolkit的各项功能，简化用户操作步骤。允许通过填写表单、单击功能按钮的形式完成模型的转换和推理等功能，无须手动编写脚本。

11）模型优化等级功能：RKNN-Toolkit在模型转换过程中会对模型进行优化，默认的优化选项可能会对模型精度或性能产生一些影响。通过设置优化等级，可以关闭部分或全部优化选项。

12）模型加密功能：使用指定的加密等级将RKNN模型整体加密。因为RKNN模型的加密是在NPU驱动中完成的。使用加密模型时，与普通RKNN模型一样加载即可，NPU驱动会自动对其进行解密。

注意

开发板的硬件资源比较有限，转换过程往往需要比较多的资源，所以通常会放在PC上进行，开发板上只做推理；Linux(Ubuntu18.04)系统支持量化，其他系统均不支持量化，量化的关键在于开发板上的模型加载时会更加迅速。

（2）rknn-api组件介绍

该组件用于C/C++开发推理程序，包含.h头文件和.so库文件，仅包含推理引擎。

本书只介绍Python相关的内容，C/C++的开发可以查看详细的说明文档和开发案例：https://github.com/rockchip-linux/rknpu/tree/master/rknn/rknn_api/examples。

支持的平台系统：Linux_3399pro、Android_3399pro、Linux_1808。

Python推理的时候，底层也是会调用rknn-api的相关的库。

4. MobaXterm命令行工具

MobaXterm又称MobaXVT，是一款增强型终端、X服务器和UNIX命令集(GNU/Cygwin)工具箱，如图1-1-1所示。MobaXterm可以开启多个终端视窗，是以最新的X服务器为基础的X.Org，可以轻松地来试用UNIX/Linux上的GNU UNIX命令。MobaXterm还有很强的扩展能力，可以集成插件来运行GCC、Perl、Curl、Tcl、Tk、Expect等程序。

MobaXterm的主要功能：

- 支持各种连接（SSH、X11、RDP、VNC、FTP、MOSH等）。
- 支持UNIX命令（bash、ls、cat、sed、grep、awk、rsync等）。
- 连接SSH终端后支持SFTP传输文件。
- 支持各种丰富的插件（git、dig、aria2等）。
- 可运行Windows或软件。

MobaXterm工具是一款全能型终端"神器"，支持多种协议连接方式，其优点如下：

- 功能十分强大，支持SSH、FTP、串口、VNC、Xserver等功能。
- 支持标签，切换也十分方便。
- 具有众多快捷键，操作方便。
- 有丰富的插件，可以进一步增强功能，进行网络端口扫描等。
- 提供社区免费版本，其功能已经够用。

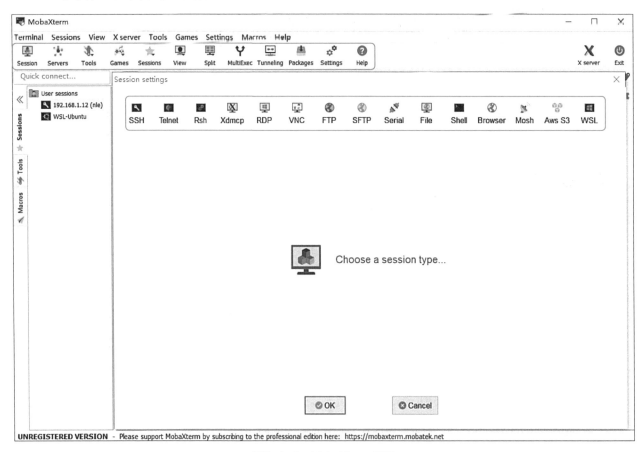

图1-1-1　MobaXterm界面

要完成本任务，可以将实施步骤分成以下两步：

1）将Notebook文件上传至NLE-AI800开发板。

2）进行人脸识别应用案例的体验。

1. 将Notebook文件上传至NLE-AI800开发板

步骤1 使用SSH协议连接开发板。在众多协议中，用得最多的就是SSH协议。如果需要连接开发板，则需要将开发板放到同一个局域网下，在知道开发板IP地址的情况下，比如192.168.1.12，可以利用MobaXterm终端连接开发板。

① 打开MobaXterm软件，选择会话Session，然后选择SSH协议，如图1-1-2所示。

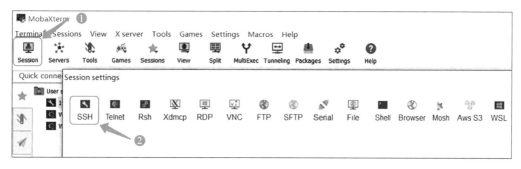

图1-1-2 建立SSH协议连接

② 输入开发板的IP地址信息及用户名"nle"，如图1-1-3所示。

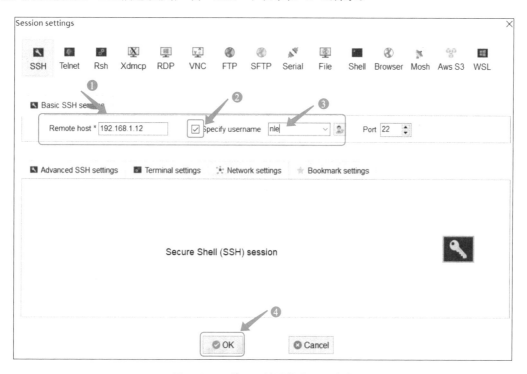

图1-1-3 输入IP地址信息及用户名

③ 输入开发板的密码"nle"（密码默认是不显示的），登录开发板，如图1-1-4所示。

步骤2 拖动项目文件夹至开发板。拖动项目文件夹到开发板的notebook目录下，如图1-1-5所示。

步骤3 将项目文件夹上传至开发板。在浏览器中输入开发板的IP地址，如192.168.1.12，进入JupyterLab环境（如图1-1-6所示），此时即可将项目文件夹上传至开发板。

图1-1-4　输入密码

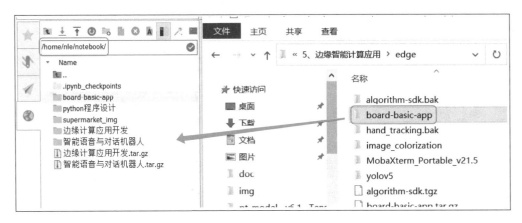

图1-1-5　上传文件夹

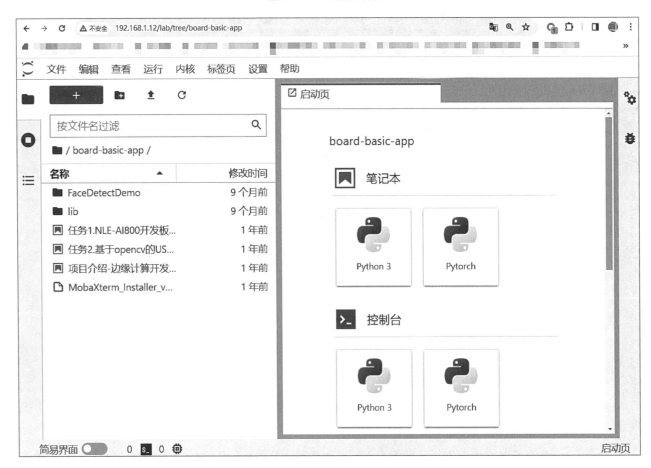

图1-1-6　JupyterLab环境

2. 进行人脸识别应用案例的体验

步骤1 使用MobaXterm运行演示案例。

① 使用cd命令进入FaceDetectDemo所在目录。

cd notebook/board-basic-app/FaceDetectDemo

② 执行主入口文件FaceDetectDemo.py，运行项目，并输入密码"nle"。

sudo python3 FaceDetectDemo.py

步骤2 使用JupyterLab自带终端运行演示案例。

① 单击JupyterLab页面左上方的"+"按钮，如图1-1-7所示。

图1-1-7 单击"+"按钮

② 在启动页中选择"终端"选项，如图1-1-8所示。

图1-1-8 选择"终端"选项

③ 使用命令切换至FaceDetectDemo路径下，执行主入口文件FaceDetectDemo.py，运行项目，命令如下。人脸识别应用注册界面如图1-1-9所示。

cd FaceDetectDemo
sudo python3 FaceDetectDemo.py

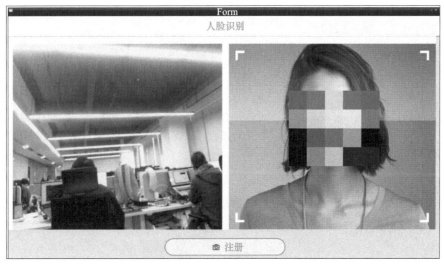

图1-1-9 人脸识别应用注册界面

任务小结 ◀

本任务首先介绍了NLE-AI800开发板的基本知识和概念，从而引出了JupyterLab环境简介、边缘智能计算的基本硬件组成、人脸识别应用案例的功能等知识。之后通过任务实施，完成了将Notebook文件上传至NLE-AI800开发板、人脸识别应用案例体验等练习。

通过本任务的学习，读者可对NLE-AI800开发板的基本知识和概念有深入的了解，在实践中逐渐熟悉NLE-AI800开发板的基础操作方法。该任务相关的知识技能小结的思维导图如图1-1-10所示。

图1-1-10 思维导图

任务2 使用OpenCV实现USB摄像头的调用

◎ 知识目标

● 了解USB接口的工作原理、接口布置和接口种类。

● 了解USB摄像头的连接方式。

● 了解进程和线程。

◎ 能力目标

● 能够使用OpenCV调用摄像头。

● 能够使用线程方式实现视频流。

◎ 素质目标

● 具有团队合作与解决问题的能力。

● 具有良好的职业道德精神。

任务描述与要求 ◀

任务描述：

本实验要求使用OpenCV连接摄像头，并使用线程形成视频流以实时呈现摄像头采集的画面。

任务要求：

- USB摄像头的连接和查看。

- OpenCV调用摄像头的基本使用。

- OpenCV结合线程实现视频流。

 **任务分析与计划** ◂

根据所学相关知识，制订完成本任务的实施计划，见表1-2-1。

表1-2-1　任务计划

项目名称	边缘计算开发板基础应用
任务名称	使用OpenCV实现USB摄像头的调用
计划方式	自主设计
计划要求	请用5个计划步骤来完整描述出如何完成本任务
序　号	任务计划
1	
2	
3	
4	
5	

知识储备 ◂

在本任务的知识储备中主要介绍：

1）USB摄像头的应用场景。

2）OpenCV。

3）进程和线程。

OpenCV

1. USB摄像头的应用场景

（1）智慧办公，让工作更轻松高效

摄像头融入AI功能逐步成为趋势，当前智能USB摄像头方案已广泛应用于会议场景，如图1-2-1所示，可以实现人形追踪、背景分割、人脸唇动检测和声源定位等多种功能，有效提升会议体验和视频通话的质量，提高了企业的沟通效率，降低企业运营成本，满足了企业管理的需要，使企业在瞬息万变的竞争环境中赢得先机。

图1-2-1　智慧办公

（2）智能电视，多功能沉浸式娱乐体验

随着电视行业的发展，很多智能电视都配备了摄像头，它所搭载的功能也越来越丰富。智能USB摄像头方案可应用于智能电视的使用场景中，如图1-2-2所示，摄像头融入了丰富的AI功能，可以在大屏实现视频通话、AI健身、AI Kids、AI娱乐、智能识人、面部识别定制专属VR形象等多种功能。

图1-2-2　智慧电视

2. OpenCV

（1）OpenCV简介

OpenCV是一个开源的跨平台计算机视觉库，可以运行在Linux、Windows、Android和Mac OS上，提供了Python、Ruby、MATLAB等语言的接口，并且实现了图像处理和计算机视觉方面的很多通用算法，可以给开发者调用。OpenCV有以下特点：

1）编程语言。OpenCV基于C++实现。OpenCV-Python是OpenCV的Python API，结合了OpenCV C++API和Python语言的最佳特性。

2）跨平台。OpenCV可以在不同的系统平台上使用，包括Windows、Linux、Android和iOS等。基于CUDA和OpenCL的高速GPU操作接口也在积极开发中。

3）活跃的开发团队。自从第一个预览版本于2000年公开以来，目前已更新至OpenCV 4.5.3。

4）丰富的API。完善的传统计算机视觉算法，涵盖主流的机器学习算法，同时添加了对深度学习的支持。

Python上安装OpenCV的代码为pip install opencv-python。

Python上导入OpenCV的代码为import cv2。

（2）应用领域

应用领域包括计算机视觉领域方向、人机互动、物体识别、图像分割、人脸识别、动作识别、运动跟踪、机器人、运动分析、机器视觉、结构分析、汽车安全驾驶。

（3）OpenCV涉及的技术

1）图像数据的操作：分配、释放、复制、设置和转换。

2）矩阵和向量的操作以及线性代数的算法程序：矩阵积、解方程、特征值以及奇异值等。

3）各种动态数据结构：列表、队列、集合、树、图等。

4）基本的数字图像处理：滤波、边缘检测、角点检测、采样与差值、色彩转换、形态操作、直方图、图像金字塔等。

5）结构分析：连接部件、轮廓处理、距离变换、模板匹配、Hough变换、多边形逼近、直线拟合、椭圆拟合、Delaunay三角剖分等。

6）摄像头定标：发现与跟踪定标模式、基本矩阵估计、齐次矩阵估计、立体对应等。

7）运动分析：光流、运动分割、跟踪等。

8）目标识别：特征法、隐马尔可夫模型。

9）基本的GUI：图像与视频显示、键盘和鼠标事件处理等。

10）图像标注：线、二次曲线、多边形、画文字。

3. 进程和线程

进程是一个在内存中运行的应用程序。每个进程都有自己独立的一块内存空间，一个进程可以有多个线程。比如在Windows系统中，一个运行的xx.exe就是一个进程。

进程是由若干线程组成的，一个进程至少有一个线程。多任务可以由多进程完成，也可以由一个进程内的多线程完成，线程并行执行不同的任务。进程和线程的区别如下：

1）根本区别：进程是操作系统资源分配的基本单位，而线程是处理器任务调度和执行的基本单位。

2）资源开销：每个进程都有独立的代码和数据空间（程序上下文），程序之间的切换会有较大的开销；线程可以看作轻量级的进程，同一类线程共享代码和数据空间，每个线程都有自己独立的运行栈和程序计数器（PC），线程之间切换的开销小。

3）包含关系：如果一个进程内有多个线程，则执行过程不是一条线的，而是多条线（线程）共同完成的；线程是进程的一部分，所以线程也被称为轻权进程或者轻量级进程。

4）内存分配：同一进程的线程共享本进程的地址空间和资源，而进程之间的地址空间和资源是相互独立的。

5）影响关系：一个进程崩溃后，在保护模式下不会对其他进程产生影响，但是如果一个线程崩溃，那么整个进程都死掉，所以多进程要比多线程健壮。

6）执行过程：每个独立的进程都有程序运行的入口、顺序执行序列和程序出口。但是线程不能独立执行，必须依存在应用程序中，由应用程序提供多个线程执行控制，两者均可并发执行。

Python的标准库提供了两个线程模块：_thread和threading。_thread是低级模块；threading是高级模块，对_thread进行了封装。绝大多数情况下，只需要使用threading这个高级模块即可。threading模块中最核心的内容是Thread这个类。创建Thread对象，然后执行线程，每个Thread对象都代表一个线程，每个线程都可以让程序处理不同的任务，这就是多线程编程。

任务实施 ◀

要完成本任务，可以将实施步骤分成以下3步：

1）连接USB摄像头并查看。

2）使用OpenCV调用摄像头。

3）使用OpenCV利用线程的方式实现视频流。

1. 连接USB摄像头并查看

步骤1 USB摄像头的连接。USB摄像头采用的就是USB接口的连接方式，而USB的接口在开发板上有4个，包括两个USB 2.0和两个USB 3.0。这两种接口的区别就是支持USB 3.0的设备接在USB 3.0接口上的速度会更快一些，所以通常建议使用USB 3.0的接口来连接。

步骤2 查看摄像头Video设备。在Linux中，任何对象都是文件。要查看当前是否有摄像头挂载到Debian上，可以在开发板命令行终端执行下面的命令。

!ls –ltrh /dev/video*

🌐 ls参数说明

- −l：列出文件的详细信息。
- −t：以时间排序。
- −r：对目录反向排序。
- −h：显示出了文件的大小。

🌐 权限crw说明

- c：表示字符设备文件。
- r：表示可读权限。
- w：表示可写权限。

⌨ 动手练习❶ ▶

请根据提示补充代码。

- 请在<1>处使用ls命令，设置查看参数为ltrh，查看/dev目录下的所有Video设备。

!<1>

填写完成后执行代码，输出如下的类似结果，则说明填写正确。

```
crw-rw----+ 1 root video 81, 0 Aug 29 13:31 /dev/video0
crw-rw----+ 1 root video 81, 1 Aug 29 13:31 /dev/video1
```

2. 使用OpenCV调用摄像头

步骤1 导入cv2并查看版本。OpenCV-Python在Python的编码使用中名称为cv2。cv2实现图像处理和计算机视觉方面有很多通用算法。

```
import cv2
import time
cv2.__version__
```

步骤2 利用OpenCV打开摄像头。要想读取摄像头的图片，需要打开摄像头，而VideoCapture就是创建的一个实例对象，并打开摄像头。创建VideoCapture对象的时候，需要传入一个合适的摄像头编号。

🌐 函数说明

cv2.VideoCapture(X)

功能：创建摄像头对象。

参数说明：

- X：摄像头序号。
  - 0：默认为系统插入的第一个摄像头。
  - 1：USB摄像头2。
  - 2：USB摄像头3，以此类推。
  - -1：代表最新插入的USB设备。

⌨ 动手练习❷

请根据提示补充代码。

- 请根据以上信息，在<1>处实例化一个对象来读取编号为0的摄像头，并赋值给cap，打印结果。

```
cap = <1>
print(cap)
```

输出结果类似为<VideoCapture 0x7f73a0ead0>的VideoCapture实例对象地址，说明填写正确。

步骤3 查看VideoCapture是否已经打开。实例化VideoCapture对象后，摄像头会自动打开，使用cap.isOpened()方法查看摄像头状态。若摄像头已打开，则返回True，否则返回False。

```
print("摄像头是否已经打开？ {}".format(cap.isOpened()))
```

步骤4 设置显示画面。接下来利用cap.set()方法对窗口像素进行设置。下面的代码中，把采集画面宽度设置为1920像素，将高度设置为1080像素，但是用于深度学习的更多的是640像素×480像素。

🌐 函数说明

cap.set(propId, value)

功能：设置窗口属性。

参数说明：

- propId：VideoCaptureProperties中的属性标识符。

- ■ cv2.CAP_PROP_FRAME_WIDTH：采集画面的宽的像素大小。
- ■ cv2.CAP_PROP_FRAME_HEIGHT：采集画面的高的像素大小。
- value：表示属性标识符的值。

cap.set(cv2.CAP_PROP_FRAME_WIDTH, 1920)
cap.set(cv2.CAP_PROP_FRAME_HEIGHT, 1080)

步骤5　创建显示窗口。下面创建一个名为image_win的窗口，设置窗口属性为可调整大小，保持图像比例，绘制窗口。

🌐 函数说明

cv2.namedWindow(winname, flags)

功能：构建视频的窗口，用于放置图片。

参数说明：

- winname：表示窗口的名字，可用作窗口标识符的窗口名称。
- flags：用于设置窗口的属性。常用属性如下：
  - ■ WINDOW_NORMAL：可以调整大小窗口。
  - ■ WINDOW_KEEPRATIO：保持图像比例。
- WINDOW_GUI_EXPANDED：绘制一个新的增强GUI窗口。

cv2.namedWindow('image_win',flags=cv2.WINDOW_NORMAL | cv2.WINDOW_KEEPRATIO | cv2.WINDOW_GUI_EXPANDED)

cv2.setWindowProperty('image_win', cv2.WND_PROP_FULLSCREEN, cv2.WINDOW_FULLSCREEN) # 全屏展示

步骤6　读取图像。使用cap.read( )获取一帧图片，分别赋值给ret、frame。

🌐 函数说明

ret，frame=cap.read( )

功能：获取一帧图片。

返回值说明：

- ret：若画面读取成功，则返回True，反之返回False。
- frame：是读取到的图片对象（NumPy的ndarray格式）。

参数说明：

- winname：表示窗口的名字，可用作窗口标识符的窗口名称。
- flags：用于设置窗口的属性。常用属性如下：
  - ■ WINDOW_NORMAL：可以调整大小窗口。
  - ■ WINDOW_KEEPRATIO：保持图像比例。
- WINDOW_GUI_EXPANDED：绘制一个新的增强GUI窗口。

请根据提示补充代码。

● 请在<1>处根据以上信息补充代码，来读取一张图像，赋值给ret、frame两个参数。

ret, frame = <1>
print(ret)

填写完成后执行代码，ret输出结果为True，说明填写正确。

步骤7 显示图片。使用cv2.imshow( )获取一帧图片，分别赋值给ret、frame。

⊕ 函数说明

cv2.imshow(winname, mat)

功能：在窗口中显示图像。

参数说明：

● winname：窗口名称（也就是对话框的名称），它是一个字符串类型。

● mat：是每一帧的画面图像。用户可以创建任意数量的窗口，但必须使用不同的窗口名称。

cv2.waitKey(delay)

功能：控制着imshow( )的持续时间，当imshow( )之后不跟waitKey( )时，相当于没有给imshow( )提供时间展示图像，只会有一个空窗口一闪而过。

参数说明：

● delay：毫秒数。

请根据提示补充代码。

● 请在<1>处根据以上信息来显示图片，将frame图片放入之前创建的image_win窗口中。

● 请在<2>处用cv2.waitKey( )设置窗口显示时间为5000ms。

<1>
<2>

填写完成后执行代码，在显示屏上能够正常显示图片，说明填写正确。

步骤8 保存图片。

⊕ 函数说明

cv2.imwrite(filename, img)

功能：保存图片。

参数说明：

● filename：要保存的文件名。

● img：要保存的图像。

⌨ 动手练习❺

请根据提示补充代码。

● 请在<1>处根据以上信息补充代码，保存frame图片，保存为.png文件，图片默认保存路径为当前路径。

<1>

!ls *.png

填写完成后执行代码，使用上述方法验证，若图片保存成功，则说明填写正确。

步骤9 释放资源。

🌐 函数说明

cap.release( )

功能：停止捕获视频，用cv2.VideoCapture(0)创建对象，操作结束后要用cap.release( )来释放资源，否则会占用摄像头，导致摄像头无法被其他程序使用。

cv2.destroyAllWindows( )

功能：用来删除所有窗口。

cap.release( ) #释放VideoCapture
cv2.destroyAllWindows( ) #销毁所有的窗口

步骤10 动手实验。

⌨ 动手练习❻

按照以下要求完成实验。

● 请在<1>处实例化一个VideoCapture对象并赋值给cap，设置休息时间为2s。

● 请在<2>处使用cap.set( )设置显示画面的像素，宽度为1280像素，高度为800像素。

● 请在<3>处使用cv2.namedWindow( )创建显示窗口并命名为image_win，将属性设置为可调整大小，保持图像比例。

● 请在<4>处使用cap.read( )读取图像，将返回值赋值给ret和frame。

● 请在<5>处使用cv2.imshow( )在窗口image_win中显示图像frame，设置cv2.waitKey( )为5000ms。

● 请在<6>处使用cv2.imwrite( )保存frame图像，保存为2.png。

● 请在<7>处使用cap.release( )和cv2.destroyAllWindows( )资源释放。

```
#打开摄像头
<1>
print(cap.isOpened( ))
#设置画面像素
<2>
#构建视频的窗口
<3>
#读取摄像头图像
```

```
<4>
#更新窗口"image_win"中的图片，用waitKey()使图片显示5000ms
<5>
#保存图片
<6>
#释放VideoCapture，销毁所有的窗口
<7>
```

完成实验后，在当前路径下能够查看到保存为2.png的图像，则表示实验完成。

3. 使用OpenCV利用线程的方式实现视频流

步骤1 导入相应的包。threading模块提供了管理多个线程执行的API。

```
import cv2
import threading
import time
```

步骤2 编写线程类。直接从Thread继承，创建一个新的类（Class），把线程执行的代码放到这个新的类里，即编写一个自定义类继承Thread，之后复写run()方法，在run()方法中编写任务处理代码，然后创建这个Thread的子类。将函数封装成线程类，便于线程的调用与停止。大多情况下用这种方式来启动线程，属于面向对象编程。

```
class videoThread(threading.Thread):
    def __init__(self):
        super(videoThread, self).__init__()
        self.working = True  # 循环标志位
        self.running = False # 判断循环是否中止
        self.cap = cv2.VideoCapture(0)  # 打开摄像头
        if not self.cap.isOpened():
            print("Cannot open camera")
        else:
            print('摄像头已打开')
        # 画面宽度设定为 1920像素，将高度设定为 1080像素
        self.cap.set(cv2.CAP_PROP_FRAME_WIDTH, 1920)
        self.cap.set(cv2.CAP_PROP_FRAME_HEIGHT, 1080)
        # 构建视频的窗口
        cv2.namedWindow('image_win',flags=cv2.WINDOW_NORMAL | cv2.WINDOW_KEEPRATIO | cv2.WINDOW_GUI_EXPANDED)
        cv2.setWindowProperty('image_win', cv2.WND_PROP_FULLSCREEN, cv2.WINDOW_FULLSCREEN)
        # 全屏展示

    def run(self):
        self.running = True
        while self.working:
            # 读取摄像头图像
            ret, frame = self.cap.read()
            if not ret:
```

```
                print("图像获取失败，请按照说明进行问题排查")
                break
            # 更新窗口"image_win"中的图片
            cv2.imshow('image_win',frame)
            # 等待按键事件发生，等待1ms
            cv2.waitKey(1)
        self.running = False

    def stop(self):
        # 停止循环获取图像
        self.working = False
        # 循环未中止时等待
        while self.running:
            pass
        # 释放VideoCapture
        self.cap.release()
        # 销毁所有的窗口
        cv2.destroyAllWindows()
        print("退出线程")
```

步骤3 启动线程。实例化一个videoThread()线程类，实例化对象为a线程对象，a调用start()方法，开始执行videoThread()线程类中的run()函数。

```
a = videoThread()
a.start()
```

步骤4 停止线程。实例化对象a，调用videoThread()线程类中的stop()函数来退出线程。

```
a.stop()
```

任务小结

本任务介绍了使用OpenCV实现USB摄像头的调用，从而引出了OpenCV简介、USB摄像头的连接、进程与线程等知识。之后通过任务实施，完成了USB摄像头的连接与查看、利用OpenCV调用摄像头等。

通过本任务的学习，读者可对使用OpenCV连接摄像头的基本知识和概念有更深入的了解，在实践中逐渐熟悉OpenCV的API的调用以及结合各种环境调用。该任务相关的知识技能小结的思维导图如图1-2-3所示。

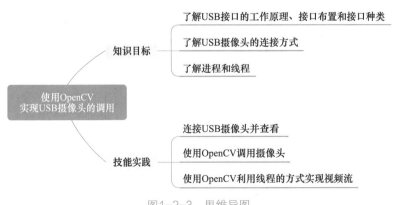

图1-2-3 思维导图

项目②

边缘计算算法SDK应用

引 导案例

上班通勤的时候，马路上的监控摄像头识别着车牌号码，防止违规行驶，这离不开车牌识别技术；上班通勤，离不开刷脸打卡，这属于人脸识别技术；健身运动时，设备利用摄像头分析动作数据，为使用者提供健康报告，这离不开人体关键点算法和目标检测算法。诸如此类，都属于SDK的应用，如图2-0-1所示。

Rock-XSDK是基于RK3399Pro/RK180X平台的一套AI组件库。开发者通过Rock-XSDK提供的API接口能够快速构建AI应用。Rock-XSDK当前支持Python/C编程语言，支持运行于RK3399Pro Android/Linux平台、RK180X Linux平台以及PC Linux/Mac OS/Windows（需要接RK1808计算棒）。

Rock-XSDK提供几大类别算法功能，主要包括目标检测、人脸、车牌、人体关键点等，具体功能如下：

- 目标检测：人头检测、人车物检测。

- 人脸：人脸检测、人脸识别。

- 车牌：车牌检测、车牌识别。

- 人体关键点：人体骨骼关键点、手指关键点。

本项目主要有4个任务，我们要完成目标检测算法接口应用、人脸识别算法接口应用、人体关键点检测算法接口应用以及车牌识别算法接口应用，充分掌握边缘计算算法SDK应用的相关知识。

图2-0-1　SDK的应用

任务1　目标检测算法接口的应用

知识目标

- 了解目标检测算法的原理和分类。
- 了解目标检测算法的接口参数作用。
- 了解目标检测算法的接口调用方法。

能力目标

- 能够使用摄像头采集图像。
- 能够调用目标检测算法接口。
- 能够使用多线程方式实现视频流的目标检测。

素质目标

- 具有自我学习的能力。
- 具有依法规范自己行为的意识和习惯。

任务描述与要求

任务描述：

本任务要求调用Rock-XSDK的目标检测函数对图片进行目标检测，并且使用摄像头用线程的方式实时对视频流进行目标检测。

任务要求：

- 调用目标检测函数对图片进行目标检测。

- 使用线程对视频流进行实时目标检测。
- 实现使用多线程调用算法进行图像识别。

任务分析与计划 ◄

根据所学相关知识，制订完成本任务的实施计划，见表2-1-1。

表2-1-1　任务计划

项目名称	边缘计算算法SDK应用
任务名称	目标检测算法接口的应用
计划方式	自我设计
计划要求	请用5个计划步骤来完整描述出如何完成本任务

序　号	任 务 计 划
1	
2	
3	
4	
5	

知识储备 ◄

在本任务的知识储备中主要介绍:

1）目标检测简介。

2）RockX目标检测算法简介。

目标检测

1. 目标检测简介

（1）目标检测含义

目标检测是指通过编写特定的算法代码，让计算机从一张图像中找出若干特定目标的方法。目标检测包含两层含义:

- 判定图像上有哪些目标物体，解决目标物体存在性的问题。
- 判定图像中目标物体的具体位置，解决目标物体在哪里的问题。

目标检测和图像分类最大的区别在于目标检测需要做更细粒度的判定，不仅要判定是否包含目标物体，还要给出各个目标物体的具体位置。

（2）目标检测任务

找出图像中所有感兴趣的目标（物体），并获得这一目标的类别信息和位置。

目标检测要解决的核心问题是：

- 目标可能出现在图像的任何位置。

- 目标有各种不同的大小。

- 目标可能有各种不同的形状。

（3）目标检测应用场景

目标检测作为场景理解的重要组成部分，广泛应用于现代生活的许多领域，如安全领域、军事领域、交通领域、医疗领域和生活领域。现实中的例子很多，如图2-1-1所示，比如：

- 骑手着装规范，包括人脸检测、餐箱检测、头盔检测等。

- 目标识别，包括行人检测、办公区桌椅检测、电梯按钮检测与识别等。

- 合规检测，包括二维码检测、水印检测、Logo识别等。

- 文本识别，包括菜单识别、招牌识别、指示牌识别等。

图2-1-1　目标检测应用场景

2. RockX目标检测算法简介

RockX目标检测库是集成在核心开发板上的一套Python的接口库，可以直接调用。检测模块为人车物检测；性能指标mAP@IOU0.5=0.565表示IOU=0.5时对应的mAP=0.565，其中，mAP表示全类平均正确率，IOU表示交并比；MSCOCO_VAL2017是目标检测公开数据集，使用该数据集中的5000张验证集进行测试，共91类别。

要完成本任务，可以将实施步骤分成以下两步：

1）定义目标检测算法接口并使用。

2）利用多线程方式实现视频流的目标检测。

1. 定义目标检测算法接口并使用

步骤1 导入相关的库。

```
import time                          # 导入时间库
import cv2                           # 导入OpenCV图像处理库
from rockx import RockX              # 导入车牌识别算法接口库
from lib.ft2 import ft               # 导入中文描绘库
```

步骤2 加载图片数据。使用OpenCV实现摄像头采集一张图片，或者使用OpenCV读取现有的图片。

（1）读取一张图片

```
image_obj = cv2.imread("./images/obj.jpg")
```

动手练习❶

请根据以上信息，在<1>处填写代码，实现以下内容。

● 利用摄像头采集一张图片。

● 将读取的结果赋给变量image_obj。

● 保存图片名称为obj2.jpg。

<1>

填写完成后执行代码，若图像成功采集并保存，则说明填写正确。

（2）显示读取的图片

利用以下函数显示读取的图片。

```
import ipywidgets as widgets                              # 导入Jupyter画图库
from IPython.display import display                       # 导入Jupyter显示库
imgbox = widgets.Image( )                                 # 定义一个图像盒子，用于装载图像数据
imgbox.value = cv2.imencode('.jpg', image_obj)[1].tobytes( )   # 把图像值转换成byte类型的值
display(imgbox)                                           # 将盒子显示出来
```

（3）获取图片信息

获取图片的宽in_img_w、高in_img_h和通道数ch。

```
in_img_h, in_img_w, ch = image_obj.shape
```

步骤3 实例化算法接口。RockX库中包含了算法的各种功能模式。

类说明

```
object_det_handle = RockX(功能类型)
```

功能类型：这里采用目标检测功能类型。

● RockX.ROCKX_MODULE_OBJECT_DETECTION：目标检测。

⌨ **动手练习❷** ▸

请根据以上信息，在<1>处填上目标检测的功能类型，实例化算法，并赋值给object_det_handle。

```
object_det_handle = RockX(<1>) # 实例化接口对象
object_det_handle
```

填写完成后执行代码，输出结果类似<rockx.RockX.RockX at 0x7f5f6734a8>，说明填写正确。

步骤4 调用目标检测函数。为了获取目标的位置，调用目标检测函数，通过对图像的检测识别物体目标的位置信息。

🌐 **函数说明**

ret,results=rockx_face_detect(self, in_img, width, height, pixel_fmt

功能：用于打开给定路径的图片。

返回值说明：识别物体目标的位置信息。

ret：状态码，0为成功，其他失败。

results：RockX对象的列表，就是说一张图可能包含多个目标对象，每个对象都包含了物体目标的位置框信息等。

参数说明：

● in_img：输入图片(numpy ndarray)。

● width：图片宽。

● height：图片高。

● pixel_fmt：图片像素格式。

⌨ **动手练习❸** ▸

请根据以上信息以及获取到的图片信息，完成以下调用目标检测函数的内容。

● 请在<1>处填上前面获取到的图片对象。

● 请在<2>、<3>处填上前面获取到的图片的宽、高。

```
ret, results = object_det_handle.rockx_face_detect(<1>, <2>, <3>, RockX.ROCKX_PIXEL_FORMAT_BGR888)
print(ret, results)
```

填写完成后执行代码，输出结果类似下方输出，说明填写正确。

```
0 [Object(id=0, cls_idx=47, box=Rect(left=372, top=215, right=539, bottom=349), score=0.8701144456863403),
Object(id=1, cls_idx=67, box=Rect(left=67, top=191, right=637, bottom=471), score=0.763225257396698), Object(id=2,
cls_idx=61, box=Rect(left=173, top=268, right=314, bottom=404), score=0.7357779145240784), Object(id=3, cls_idx=31,
box=Rect(left=106, top=113, right=577, bottom=297), score=0.7357779145240784), Object(id=14, cls_idx=49,
box=Rect(left=306, top=312, right=404, bottom=445), score=0.5365113019943237)]
```

步骤5 画出物品目标框，并绘制目标物品的名称。

函数说明

cv2.rectangle(image, pt1, pt2, color, thickness)

功能：根据坐标描绘一个简单的矩形边框。

参数说明：

- image：图片。
- pt1：左上角位置坐标。
- pt2：右下角位置坐标。
- color：线条颜色。
- thickness：线条粗细。

img = ft.draw_text(image, position, obj_label, font, color)

功能：在图片的某个位置上添加文字信息。

参数说明：

- image：图片。
- position：位置。
- obj_label：文字。
- font：字体大小。
- color：字体颜色。

RockX.ROCKX_OBJECT_DETECTION_LABELS_91[result[0].cls_idx]

功能：通过检测出的目标的ID值在目标名称列表中寻找该值。

方法说明：

- ROCKX_OBJECT_DETECTION_LABELS_91：1类物品的名称的集合列表；
- result[0].cls_idx：识别后的结果，物品的ID值。

动手练习4

请根据以上信息以及获取到的结果，完成以下调用目标检测函数的内容。

- 通过在<1>处填写获取到的结果的物品ID来获取物品的名称，并赋值给obj_label。
- 请在<2>、<3>处填写物品目标的位置信息、左上角和右下角的坐标，来绘制物品目标框。
- 请在<4>处填写获取到的物品名称，将文字绘制到图片上。

```
if ret == 0:
    for result in results:
        obj_label = RockX.ROCKX_OBJECT_DETECTION_LABELS_91[result.<1>]
        cv2.rectangle(image_obj, <2>, <3>,
                    (0, 255, 0), 2)
```

```
if (result.box.top − 50) > 0:
    image_obj = ft.draw_text(image_obj, (result.box.left, result.box.top − 50),
                             '{}'.format(<4>), 34, (0, 0, 255))
else:
    image_obj = ft.draw_text(image_obj, (result.box.left, result.box.bottom),
                             '{}'.format(<4>), 34, (0, 0, 255))
    else:
        print('识别失败'))
```

填写完成后执行代码，未输出识别失败，说明填写正确。

步骤6 显示经过算法处理的图像。利用Jupyter的画图库和显示库来显示获取的图片。

```
import ipywidgets as widgets                              # 导入Jupyter画图库
from IPython.display import display                       # 导入Jupyter显示库
imgbox = widgets.Image( )                                 # 定义一个图像盒子，用于装载图像数据
imgbox.value = cv2.imencode('.jpg', image_obj)[1].tobytes( )   # 把图像值转换成byle类型的值
display(imgbox)                                           # 将盒子显示出来
```

2. 利用多线程方式实现视频流的目标检测

步骤1 导入依赖库。

```
import time,cv2, threading
from lib.ft2 import ft                                    # 导入中文描绘库
import ipywidgets as widgets                              # 导入Jupyter画图库
from IPython.display import display                       # 导入Jupyter显示库
from rockx import RockX                                   # 导入算法库
```

步骤2 定义摄像头采集线程。结合上面的OpenCV采集图像的内容，利用多线程的方式串起来，形成一个可传参、可调用的通用类。这里定义了一个全局变量camera_img，用作存储获取的图片数据，以便其他线程可以调用。

__init__( )初始化函数：实例化该线程的时候会自动执行初始化函数，在初始化函数里面打开摄像头，并设置分辨率。

run( )函数：该函数在实例化后执行start( )启动函数的时候自动执行。在该函数里，实现了循环获取图像的内容。

```
class CameraThread(threading.Thread):
    def __init__(self, camera_id, camera_width, camera_height):
        threading.Thread.__init__(self)
        self.working = True
        self.cap = cv2.VideoCapture(camera_id)
        self.cap.set(cv2.CAP_PROP_FRAME_WIDTH, camera_width)
        self.cap.set(cv2.CAP_PROP_FRAME_HEIGHT, camera_height)
    def run(self):
        global camera_img
        while self.working:
            try:
                ret, image = self.cap.read()
```

```
                    if not ret:
                        time.sleep(0.1)
                        continue
                    camera_img = image
                except Exception as e:
                    pass
        def stop(self):
            self.working = False
            self.cap.release()
```

步骤3 定义算法识别线程。结合调用算法接口的内容和图像显示内容，利用多线程的方式进行整合，对摄像头采集线程中的每一帧图片进行识别，并显示形成视频流的画面。

__init__( )初始化函数：实例化该线程的时候会自动执行初始化函数，在初始化函数里面定义了显示内容，并实例化目标检测模型。

run( )函数：该函数在实例化后执行start( )函数的时候自动执行。该函数实现了对采集的每一帧图片进行算法识别，然后将结果绘在图片上，并将处理后的图片显示出来。

```
class ObjDetectThread(threading.Thread):
    def __init__(self):
        threading.Thread.__init__(self)
        self.working = True
        self.running = False
        self.object_det_handle = RockX(RockX.ROCKX_MODULE_OBJECT_DETECTION)
        self.imgbox = widgets.Image()
        display(self.imgbox)
    def run(self):
        self.running = True
        while self.working:
            try:
                limg = camera_img
                if limg is not None:
                    in_img_h, in_img_w, bytesPerComponent = limg.shape
                    ret, results = self.object_det_handle.rockx_face_detect(limg, in_img_w, in_img_h, RockX.ROCKX_
PIXEL_FORMAT_BGR888)
                    if ret == 0:
                        for result in results:
                            obj_label = RockX.ROCKX_OBJECT_DETECTION_LABELS_91[result.cls_idx]
                            cv2.rectangle(limg, (result.box.left, result.box.top),
                                        (result.box.right, result.box.bottom),
                                        (0, 255, 0), 2)
                            if (result.box.top − 50) > 0:
                                limg = ft.draw_text(limg, (result.box.left, result.box.top − 50),
                                            '{}'.format(obj_label), 34, (0, 0, 255))
                            else:
                                limg = ft.draw_text(limg, (result.box.left, result.box.bottom),
                                            '{}'.format(obj_label), 34, (0, 0, 255))
```

```
                        self.imgbox.value = cv2.imencode('.jpg', limg)[1].tobytes()
            except Exception as e:
                    pass
        self.running = False
    def stop(self):
        self.working = False
        while self.running:
            time.sleep(0.01)
        self.object_det_handle.release()
```

步骤4 启动线程。实例化两个线程，并启动这两个线程，实现完整的目标检测功能。

```
camera_th = CameraThread(0, 640, 480)
obj_detect_th = ObjDetectThread()
camera_th.start()
obj_detect_th.start()
```

步骤5 关闭线程。为了避免占用资源，需要停止摄像头采集线程和算法识别线程。

```
obj_detect_th.stop()
camera_th.stop()
```

本任务主要让用户了解目标检测的定义和应用场景，掌握RockX目标检测算法接口的定义与使用的相关知识，实现多线程调用算法，进行实时目标检测。

通过本任务的学习，读者可对RockX目标检测算法的基本知识和概念有更深入的了解，在实践中逐渐熟悉RockX目标检测算法的操作方法。该任务相关的知识技能小结的思维导图如图2-1-2所示。

图2-1-2 思维导图

任务2 人脸识别算法接口应用

知识目标

● 了解人脸识别算法的原理和分类。

- 了解人脸识别算法的接口参数作用。

- 了解人脸识别算法的接口调用方法。

 能力目标

- 能够使用摄像头采集图像。

- 能够调用人脸识别算法接口。

- 能够使用多线程方式实现视频流的人脸识别。

素质目标

- 具有分辨并理解个人情绪的能力。

- 具有使用情感认知来处理人与人之间关系的能力。

任务描述与要求

任务描述：

本任务要求调用Rock-XSDK的人脸识别函数对图片进行人脸识别，并且使用摄像头用线程的方式实时对视频流进行人脸识别。

任务要求：

- 调用目标检测函数对图片进行人脸识别。

- 使用线程对视频流进行实时人脸识别。

- 实现使用多线程调用算法进行图像识别。

任务分析与计划

根据所学相关知识，制订完成本任务的实施计划，见表2-2-1。

表2-2-1 任务计划

项目名称	边缘计算算法SDK应用
任务名称	人脸识别算法接口应用
计划方式	自主设计
计划要求	请用5个计划步骤来完整描述出如何完成本任务
序　　号	任 务 计 划
1	
2	
3	
4	
5	

知识储备

在本任务的知识储备中主要介绍：

1）人脸识别。

2）RockX人脸识别相关算法简介。

人脸识别

1. 人脸识别

（1）人脸识别含义

人脸识别是基于人的脸部特征信息进行身份识别的一种生物识别技术。用摄像机或摄像头采集含有人脸的图像或视频流，并自动在图像中检测和跟踪人脸，进而对检测到的人脸进行脸部识别的一系列相关技术，通常也叫作人像识别、面部识别。人脸识别系统主要包括4个组成部分，分别为人脸图像采集及检测、人脸图像预处理、人脸图像特征提取、匹配与识别，如图2-2-1所示。当前的人脸识别通常是利用卷积神经网络（CNN）对海量的人脸图片进行学习，然后对输入图像提取出对应的人脸特征值。

人脸特征值是一组空间向量，也是人脸比对的依据。同一张脸的不同照片提取出的特征值，在特征空间里的距离很近，不同人的脸在特征空间里相距较远。换言之，距离近的就有更大可能是同一个人。

另外需要注意，人脸识别和人脸检测并非同一技术。人脸检测是人脸识别完整流程中的一个环节。在用摄像头采集含有人脸的图像或视频流后，首先需要用人脸检测技术自动检测，提取当中的人脸，随后才能进入人脸图像预处理及最核心的人脸特征提取环节。在实际商业落地中，人脸检测也可独立于人脸识别进行使用，典型应用如近期在海内外大热的AI测温机，在检测到人脸时会激活测温模块，从而降低产品长期运行的损耗与能耗，该过程就无须对人脸进行识别。

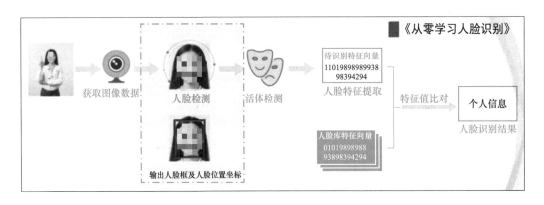

图2-2-1 人脸识别系统

（2）人脸识别应用场景

人脸识别产品已广泛应用于金融、司法、军队、公安、边检、政府、航天、电力、工厂、教育、医疗及众多企事业单位等领域。

随着技术的进一步成熟和社会认同度的提高，人脸识别技术将应用在更多的领域。

● 企业、住宅安全和管理，如人脸识别门禁考勤系统、人脸识别防盗门等。

● 电子护照及身份证。

- 公安、司法和刑侦，如利用人脸识别系统和网络在全国范围内搜捕逃犯。

- 自助服务。

- 信息安全，如计算机登录、电子政务和电子商务等。

人工智能技术的成熟，赋予了计算机对世界的感知和认知能力，也使得我们可以通过人工智能技术（如App、网页等互联网程序）收集线上数据，收集现实生活中关于人的点滴信息，从而基于人的数据为客户提供更优质的服务及更有效的管理。

总之，人脸识别技术已经广泛应用于公安、金融、机场、地铁、边防口岸等多个对人员身份进行自然比对及识别的重要领域，为全社会提供智慧人脸服务，比如智能通道闸，如图2-2-2所示。

图2-2-2 智能通道闸

2. RockX人脸识别相关算法简介

RockX人脸识别相关算法库是集成在核心开发板上的一套Python的接口库，可以直接调用，主要包含人脸检测、人脸特征获取、人脸识别、目标追踪等相关算法。人脸识别性能见表2-2-2。

实际应用中，对距离和角度稍加限制能获得更好的识别结果，用户可根据实际情况进行质量筛选。人脸比对使用欧式距离。

表2-2-2 人脸识别性能

参 数	性能指标
适应角度	平面内人脸左右旋转±45° 侧脸左右偏转±60° 侧脸上转60° 侧脸下转45°
识别距离	11m（测试摄像头FOV=60°）
识别精度（LFW标准数据集）	99.65%±0.00088
参考精度	TPR=0.992@FAR=0 TPR=0.995@FAR=0.001

说明：TPR=0.992@FAR=0表示FAR=0时对应的TPR=0.992。其中，TPR表示真正率，FAR表示在比对不同人的图像时把其中的图像作为同一人的比例。

任务实施 ◀

要完成本任务，可以将实施步骤分成以下两步：

1）定义RockX人脸识别相关算法接口并使用。

2）利用多线程方式实现视频流的人脸识别。

1. 定义RockX人脸识别相关算法接口并使用

步骤1 导入依赖库。

```
import os,sys
import time
import sqlite3
import numpy as np
from rockx import RockX
import cv2
```

步骤2 实例化算法接口对象。RockX库中包含了算法的各种功能模式。

🌐 **类说明**

handle = RockX (功能类型)

功能类型：

● RockX.ROCKX_MODULE_FACE_DETECTION：人脸检测。

● RockX.ROCKX_MODULE_OBJECT_TRACK：目标追踪。

● RockX.ROCKX_MODULE_FACE_LANDMARK_5：人脸对齐。

● RockX.ROCKX_MODULE_FACE_RECOGNIZE：人脸特征获取。

⌨ **动手练习❶** ▷

请根据提示补充代码。

● 请在<1>处填上人脸检测的功能类型，实例化人脸检测对象，并赋值给face_det_handle；

● 请在<2>处填上人脸追踪的功能类型，实例化人脸追踪对象，并赋值给face_track_handle；

● 请在<3>处填上人脸对齐的功能类型，实例化人脸对齐对象，并赋值给face_landmark5_handle；

● 请在<4>处填上人脸识别的功能类型，实例化人脸识别对象，并赋值给face_recog_handle。

```
face_det_handle = RockX(<1>)              # 检测
face_track_handle = RockX(<2>)            # 人脸追踪
face_landmark5_handle = RockX(<3>)        # 人脸对齐
face_recog_handle = RockX(<4>)            # 人脸识别
```

填写完成后执行代码，若无报错信息且后续实例化对象功能正常，则说明填写正确。

步骤3 人脸数据录入数据库。要实现人脸识别，必须要有一个人脸比对的数据库，所以需要把人脸信息提前录入数据库。

（1）创建一个数据库

利用封装好的databases.py脚本，使用FaceDB类实现数据库的创建和数据的录入。

🌐 类说明

face_db = FaceDB ("数据库名称.db")

数据表定义的字段为名称（NAME）、版本（VERSION）、特征（FEATURE）、对齐图片（ALIGN_IMAGE）。

主要函数为：

- __init__()：创建一个数据库和FACE的数据表；

- load_face()：读取数据库中的人脸信息，返回值为所有的人脸信息，包括名字和特征；

- insert_face()：插入人脸信息到数据表中，参数为名字name、特征feature、对齐后的图片align_img。

⌨ 动手练习❷

取一个数据库的名称，比如face.db，在<1>处填写数据库名称，来实例化一个数据库对象。

```
from lib.databases import FaceDB
face_db = FaceDB(<1>)
face_db
```

填写完成后执行代码，若输出类似<lib.databases.FaceDB at 0x7f671bd898>的地址，则说明填写正确。

（2）采集一张图片

利用OpenCV打开摄像头采集一张图片。

⌨ 动手练习❸

请根据以上信息，在<1>处填写代码，实现以下内容：

- 利用摄像头采集一张图片；

- 将读取的结果赋给变量image_face；

- 将图片保存在./images/路径下，名称为face.jpg。

    <1>

填写完成后执行代码，若图像成功采集并保存，则说明填写正确。

（3）定义特征获取的函数

定义人脸特征获取的函数get_face_feature()，其关键步骤在于人脸检测、人脸特征获取。

函数说明

> ret, results = rockx_face_detect (in_img, width, height, pixel_fmt)

功能：人脸检测，获取人脸框的位置信息。

返回值说明：

- ret：状态码，0为成功，其他失败。

- results：RockX对象的列表，就是说一张图可能包含多个人脸对象，每个对象都包含了多个人脸框的位置信息等。

参数说明：

- in_img：图片。

- width：图片宽。

- height：图片高。

- pixel_fmt：图片像素格式。

```python
def get_max_face(results):
    """
    计算最大人脸框，并返回最大的人脸框信息
    """
    max_area = 0
    max_face = None
    for result in results:
        area = (result.box.bottom - result.box.top) * (result.box.right * result.box.left)
        if area > max_area:
            max_face = result
            max_area = area
    return max_face


def get_face_feature(image_path):
    """
    获取人脸的特征信息
    """
    img = cv2.imread(image_path)
    img_h, img_w = img.shape[:2]
    ret, results = face_det_handle.rockx_face_detect(img, img_w, img_h, RockX.ROCKX_PIXEL_FORMAT_
BGR888) # 人脸检测
    if ret != RockX.ROCKX_RET_SUCCESS:
        return None, None
    max_face = get_max_face(results) #人脸检测后，计算最大人脸信息
    if max_face is None:
        return None, None
        ret, align_img = face_landmark5_handle.rockx_face_align(img, img_w, img_h,RockX.ROCKX_PIXEL_
FORMAT_BGR888,max_face.box, None) #人脸对齐
    if ret != RockX.ROCKX_RET_SUCCESS:
        return None, None
    if align_img is not None:
        ret, face_feature = face_recog_handle.rockx_face_recognize(align_img)
        if ret == RockX.ROCKX_RET_SUCCESS:
            return face_feature, align_img
    return None, None
```

（4）信息插入数据库

利用定义的函数获取人脸特征，并定义名字等信息，然后调用数据库的插入数据的接口insert_face，将这些信息插入数据库中。

⌨ 动手练习④

请根据以上信息完成以下内容。

● 请在<1>处填写名字为"张三"，赋给变量name。

● 请在<2>处调用get_face_feature特征获取函数，将前面获取的图片参数输入函数中，并将结果赋值给feature和align_img。

● 请在<3>处调用数据库函数insert_face( )，将获取到的信息、名字、特征、人脸对齐后的图片插入数据库中。

```
name = <1>
image_face = './images/face.jpg'
feature, align_img = <2>
if feature is not None:
    face_db.<3>
    print('{} success import {} '.format(1, name))
else:
    print('{} fail import {}'.format(1, name))
```

填写完成后执行代码，若输出1 success import 张三，则说明填写正确。

步骤4   人脸识别。利用已经录入的数据进行人脸识别，其主要的步骤包括人脸检测、检测目标跟踪、人脸校正对齐、人脸特征获取、人脸对比。下面主要介绍检测目标跟踪和人脸对比。

（1）读取数据库的特征并读取一张图片

利用数据库加载数据的接口获取所有人员的特征信息，并利用摄像头采集一张图片，获取其宽、高、通道数。

```
face_library = face_db.load_face()
print("%d face loaded." % len(face_library))
# 利用摄像头采集图片
cap = cv2.VideoCapture(0)
time.sleep(2)
cap.set(cv2.CAP_PROP_FRAME_WIDTH, 640)
cap.set(cv2.CAP_PROP_FRAME_HEIGHT, 480)
cv2.namedWindow('image_win',flags=cv2.WINDOW_NORMAL | cv2.WINDOW_KEEPRATIO)
cv2.setWindowProperty('image_win', cv2.WND_PROP_FULLSCREEN, cv2.WINDOW_FULLSCREEN) # 全屏展示
ret, img = cap.read()
cv2.imshow('image_win', img)
cv2.waitKey(5000)
cv2.imwrite("./images/face1.jpg", img)
cap.release()
cv2.destroyAllWindows()
# 获取其宽、高、通道数
img_h, img_w, ch = img.shape
```

（2）人脸检测

⌨ 动手练习❺ ▷

请根据以上信息完成以下内容。

● 请在<1>处调用人脸检测的函数，并将上一步获取到的图片的宽、高等参数传入函数中，实现人脸检测，结果赋值给ret和results。

● 请在<2>处调用计算最大人脸框的函数，获取results中最大人脸框的坐标位置等信息，将结果赋值给max_face。

```
ret, results = <1>
if ret != 0:
    print('人脸检测失败')
else:
    print("人脸检测成功")
max_face = <2>
```

填写完成后执行代码，若输出人脸检测成功，则说明填写正确。

（3）画出人脸检测结果

```
import ipywidgets as widgets                              # 导入Jupyter画图库
from IPython.display import display                       # 导入Jupyter显示库
cv2.rectangle(img, (max_face.box.left, max_face.box.top),
              (max_face.box.right, max_face.box.bottom),
              (0, 255, 0), 2)
imgbox = widgets.Image()                                  # 定义一个图像盒子，用于装载图像数据
imgbox.value = cv2.imencode('.jpg', img)[1].tobytes()     # 把图像值转换成byte类型的值
display(imgbox)                                           # 将盒子显示出来
```

（4）人脸对齐

人脸对齐主要是进行人脸特征点对齐校正。

```
ret, align_img = face_landmark5_handle.rockx_face_align(img, img_w, img_h, RockX.ROCKX_PIXEL_FORMAT_
BGR888,
    max_face.box, None)
if ret != 0:
    print('人脸对齐失败')
else:
    print("人脸对齐成功")
```

（5）人脸特征获取

人脸特征获取主要是获取人脸的特征信息。

⌨ 动手练习❻ ▷

请根据以上信息，完成以下内容。

● 请在<1>处调用人脸特征获取的函数，并将前面人脸对齐后的图片参数传入函数中，实现人脸特征获取，将结果赋值给ret和face_feature。

```
ret, face_feature = <1>
if ret != 0:
    print('人脸特征获取失败')
else:
    print("人脸特征获取成功")
```

填写完成后执行代码，若输出人脸特征获取成功，则说明填写正确。

（6）人脸比对

人脸信息对比，主要是把当前获取的人脸特征和数据库中的特征进行对比。

函数说明

```
ret, similarity = face_recog_handle.rockx_face_similarity(cur_feature, feature)
```

功能：计算人脸相似度。

返回值说明：

- ret：状态码，0为成功，其他为失败。
- similarity：返回对比后的相似度。

参数说明：

- cur_feature: 当前获取到的特征。
- feature: 数据库取出的特征。

```
min_similarity = 10.0
for name, face in face_library.items():
    feature = face['feature']  # 获取数据库的特征
    ret, similarity = face_recog_handle.rockx_face_similarity(face_feature, feature) # 人脸对比
    if similarity < min_similarity:
        target_name = name
        min_similarity = similarity
        target_face = face
if min_similarity < 1.0:
    print(target_name, min_similarity, target_face)
else:
    print('无相关人员')
```

2. 利用多线程方式实现视频流的人脸识别

步骤1 导入依赖库。

```
import time                              # 导入时间库
import cv2                               # 导入OpenCV图像处理库
from lib.ft2 import ft                   # 导入中文描绘库
import threading                         # 这是Python的标准库，线程库
import ipywidgets as widgets             # 导入Jupyter画图库
from IPython.display import display      # 导入Jupyter显示库
from rockx import RockX                  # 导入算法库
from lib.databases import FaceDB
```

结合上面的OpenCV采集图像的内容，利用多线程的方式串起来，形成一个可传参、可调用的通用类。这里定义了一个全局变量camera_img，用作存储获取的图片数据，以便其他线程可以调用。

__init__( )初始化函数：实例化该线程的时候会自动执行初始化函数，在初始化函数里面打开摄像头，并设置分辨率。

run( )函数：该函数在实例化后执行start( )启动函数的时候会自动执行。在该函数里，实现了循环获取图像的内容。

```
class CameraThread(threading.Thread):
    def __init__(self, camera_id, camera_width, camera_height):
        threading.Thread.__init__(self)
        self.working = True
        self.cap = cv2.VideoCapture(camera_id)
        self.cap.set(cv2.CAP_PROP_FRAME_WIDTH, camera_width)
        self.cap.set(cv2.CAP_PROP_FRAME_HEIGHT, camera_height)
    def run(self):
        global camera_img
        while self.working:
            try:
                ret, image = self.cap.read()
                if not ret:
                    time.sleep(0.1)
                    continue
                camera_img = image
            except Exception as e:
                pass
    def stop(self):
        self.working = False
        self.cap.release()
```

⌨ 动手练习❼ ▷

请根据提示设置模型预处理参数。

● 请在<1>处将图像通道顺序设置为按照输入的通道顺序进行推理。

● 请在<2>处将归一化值设置为255,255,255。

● 请在<3>处将模型优化等级设置为3。

● 请在<4>处将目标平台的芯片设置为RK3399Pro。

```
ret = rknn.config(<1>,mean_values = [[0, 0, 0]],<2>,<3>,<4>,
                output_optimize = 1,
                quantize_input_node = True)
print(ret)
```

完成填写后运行代码，若输出0，则参数设置正确。

步骤3 定义算法识别线程。

结合调用算法接口的内容和图像显示内容，利用多线程的方式整合起来，循环识别，对摄像头采集线程中获取的每一帧图片进行识别并显示，形成视频流的画面。

　　__init__（）初始化函数：实例化该线程的时候会自动执行初始化函数，在初始化函数里面定义了显示内容，并实例化人脸识别模型。

　　run（）函数：该函数在实例化后执行start（）启动函数的时候会自动执行。该函数是一个循环，实现了对采集的每一帧图片进行算法识别，然后将结果绘在图片上，并将处理后的图片显示出来。

```python
class FaceDetectThread(threading.Thread):
    def __init__(self):
        threading.Thread.__init__(self)
        self.working = True
        self.running = False
        self.face_library = FaceDB('./face.db').load_face()
        print("Load %d face from facedb." % len(self.face_library))
        self.face_det_handle = RockX(RockX.ROCKX_MODULE_FACE_DETECTION)
        self.face_landmark5_handle = RockX(RockX.ROCKX_MODULE_FACE_LANDMARK_5)
        self.face_recog_handle = RockX(RockX.ROCKX_MODULE_FACE_RECOGNIZE)
        self.face_track_handle = RockX(RockX.ROCKX_MODULE_OBJECT_TRACK)
        self.imgbox = widgets.Image()
        display(self.imgbox)
    def run(self):
        self.running = True
        while self.working:
            try:
                limg = camera_img
                if limg is not None:
                    in_img_h, in_img_w, bytesPerComponent = limg.shape
                    ret, results = self.face_det_handle.rockx_face_detect(limg, in_img_w, in_img_h, RockX.ROCKX_PIXEL_FORMAT_BGR888)
                    ret, results = self.face_track_handle.rockx_object_track(in_img_w, in_img_h, bytesPerComponent, results)
                    self.text = "无相关人员"
                    for result in results:
                        ret, align_img = self.face_landmark5_handle.rockx_face_align(limg, in_img_w, in_img_h, RockX.ROCKX_PIXEL_FORMAT_BGR888, result.box, None)
                        if ret == RockX.ROCKX_RET_SUCCESS and align_img is not None:
                            ret, face_feature = self.face_recog_handle.rockx_face_recognize(align_img)
                        if ret == RockX.ROCKX_RET_SUCCESS and face_feature is not None:
                            min_similarity = 10.0
                            target_name = None
                            target_face = None
                            for name, face in self.face_library.items():
                                feature = face['feature']
                                ret, similarity = self.face_recog_handle.rockx_face_similarity(face_feature, feature)
                                if similarity < min_similarity:
                                    target_name = name
                                    min_similarity = similarity
                                    target_face = face
```

```
                    if min_similarity < 1.0:
                        self.text = '姓名：{} 相似度：{}'.format(target_name, min_similarity)
                        cv2.rectangle(limg, (result.box.left, result.box.top),
                                      (result.box.right, result.box.bottom),
                                      (0, 255, 0), 2)
                        if (result.box.top − 50) > 0:
                            limg = ft.draw_text(limg, (result.box.left, result.box.top − 50),
                                                '{}'.format(target_name), 34, (0, 0, 255))
                        else:
                            limg = ft.draw_text(limg, (result.box.left, result.box.bottom),
                                                '{}'.format(target_name), 34, (0, 0, 255))
                    self.imgbox.value = cv2.imencode('.jpg', limg)[1].tobytes()
                    print(self.text, end='\r', flush=self.working)
            except Exception as e:
                pass
            self.running = False
    def stop(self):
        self.working = False
        while self.running:
            time.sleep(0.01)
        self.face_det_handle.release()
        self.face_landmark5_handle.release()
        self.face_recog_handle.release()
        self.face_track_handle.release()
```

步骤4 启动线程。

实例化两个线程，并启动这两个线程，实现完整的目标功能。运行时，加载模型会比较久，需要等待几秒。

```
camera_th = CameraThread(0, 640, 480)
camera_th.start()
face_detect_th = FaceDetectThread()
face_detect_th.start()
```

步骤5 停止线程。

为了避免占用资源，需要停止摄像头采集线程和算法识别线程，或者重启内核。

```
face_detect_th.stop()
camera_th.stop()
```

本任务主要使读者了解目标检测的定义和应用场景，掌握RockX人脸识别算法接口的定义与使用的相关知识，实现多线程调用算法，进行实时人脸识别。

通过本任务的学习，读者可对RockX人脸识别算法的基本知识和概念有更深入的了解，在实践中逐渐熟悉RockX人脸识别算法的操作方法。该任务相关的知识技能小结的思维导图如图2-2-3所示。

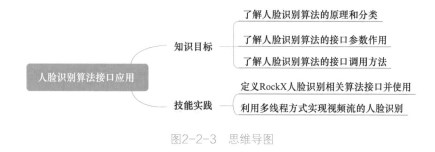

图2-2-3　思维导图

任务3　　人体关键点检测算法接口应用

知识目标

- 了解人体关键点检测算法的原理和分类。
- 了解人体关键点检测算法的接口参数作用。
- 了解人体关键点检测算法的接口调用方法。

能力目标

- 能够使用摄像头采集图像。
- 能够调用人体关键点检测算法接口。
- 能够使用多线程方式实现视频流的人体关键点检测。

素质目标

- 具有反思问题的能力。
- 具有乐于向他人学习的态度。

任务描述与要求

任务描述：

本任务要求调用Rock-XSDK的人体关键点检测函数对图片进行人体关键点检测，并且使用摄像头用线程的方式实时对视频流进行人体关键点检测。

任务要求：

- 调用目标检测函数对图片进行人体关键点检测。

- 使用线程对视频流进行实时人体关键点检测。

- 实现使用多线程调用算法进行图像识别。

任务分析与计划 ◀

根据所学相关知识，制订完成本任务的实施计划，见表2-3-1。

表2-3-1　任务计划

项目名称	边缘计算算法SDK应用
任务名称	人体关键点检测算法接口应用
计划方式	自主设计
计划要求	请用5个计划步骤来完整描述出如何完成本任务

序　号	任 务 计 划
1	
2	
3	
4	
5	

知识储备 ◀

在本任务的知识储备中主要介绍:

1）人体关键点检测。

2）RockX人体关键点检测算法简介。

1. 人体关键点检测

（1）人体关键点检测的含义

人体关键点检测（Human Keypoints Detection）是计算机视觉中一个相对基础的任务，是人体动作识别、行为分析、人机交互等的前置任务。一般情况下可以将人体关键点检测细分为单人/多人关键点检测、2D/3D关键点检测。同时，有些算法在完成关键点检测之后还会进行关键点的跟踪，也被称为人体姿态跟踪。

人体各个骨骼关键部位的相对位置和角度所构成的身体姿势，主要基于身体部位间的空间关系对图片和视频中的人体关键点进行检测和识别。

人体关键点检测描述了人体关键点细粒度的信息，识别人的动作，能够作为行为识别、步态识别、人机交互的基础，人体姿态跟踪是机器理解图片和视频中人物行为的关键步骤。人体关键点即人体骨架中与运动强相关的主要骨骼连接点。

人体关键点的相对位置反映了人体姿态，刻画了人所处的运动状态，有常规的站立、坐下、行走、跑步、跳跃等动作形态，还有游泳、舞蹈、武术等大范围的体育运动形态，如图2-3-1所示。

图2-3-1　人体关键点

目前，COCO keypoint track是人体关键点检测的权威公开比赛之一，COCO数据集中把人体关键点表示为18个关节，如图2-3-2所示。而人体关键点检测的任务就是从输入的图片中检测到人体及对应的关键点位置。

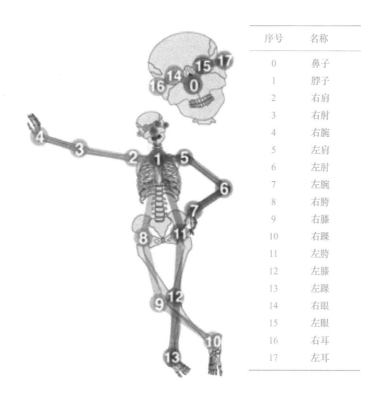

序号	名称
0	鼻子
1	脖子
2	右肩
3	右肘
4	右腕
5	左肩
6	左肘
7	左腕
8	右胯
9	右膝
10	右踝
11	左胯
12	左膝
13	左踝
14	右眼
15	左眼
16	右耳
17	左耳

图2-3-2　人体18个关键点

其中，人体关键点检测模块又可以划分成人脸验证和人体关键点检测。不论是哪种，都需要提供训练集和测试集。人脸验证是基于测试集和训练集计算当前两张人脸是否属于同一个人（1:1）；人体关键点检测是计算当前测试人脸与人脸库中的哪一张最相近（1:N）。当测试的人脸出现在训练集中时，该问题叫作闭集识别；当测试的人脸不在训练集中时，该问题叫开集识别。

多人人体骨骼关键点检测主要有两个方向，一种是自上而下，另一种是自下而上。其中，自上而下的人体骨骼关键点定位算法主要包含两个部分，即人体检测和单人人体关键点检测，首先通过目标检测算法将每一个人检测出来，然后在检测框的基础上针对单个人做人体骨骼关键点检测，代表性算法有G-RMI、CFN、RMPE、Mask R-CNN和CPN，目前在MSCOCO数据集上最好的效果是72.6%；自下而上的方法也包含两个部分，即关键点检测和关键点聚类，首先需要将图片中所有的关键点都检测出来，然后通过相关策略将所有的关键点聚类成不同的个体，对关键点之间的关系进行建模的代表性算法有PAF，目前在MSCOCO数据集上最好的效果是68.7%。

（2）人体关键点检测的应用场景

动作识别常见的几个应用场景：

- 用于检测儿童或者老人是否突然摔倒，人体是否由于碰撞或疾病造成摔倒。
- 用于体育、健身和舞蹈等肢体相关的教学和核对。
- 用于理解人体明确的肢体信号和指示（如机场跑道信号、交警信号、航海旗语等）。
- 用于协助进行姿态保持和保证（如学生课堂听讲和学情报告）。
- 用于增强安保和监控人体行为（如识别校园学生追打等行为）。
- 训练机器人、运动捕捉和虚拟游戏等，如图2-3 3所示。

图2-3-3　运动捕捉和虚拟游戏

2. RockX人体关键点检测算法简介

RockX人体关键点检测库是集成在核心开发板上的一套Python的接口库，可以直接调用，其检测参数为MSCOCO_VAL2017，性能指标为mAP@OKS0.5=0.623。

说明：mAP@OKS0.5=0.623表示OKS=0.5时对应的mAP=0.623。其中，mAP表示全类平均正确率，OKS表示人体关键点相似度。

MSCOCOval2017是COCO2017KeypointDetectionTask的验证集，共5000张图片，其中2000多张有关键点。

 任务实施

要完成本任务，可以将实施步骤分成以下两步：

1）定义RockX人体骨骼关键点检测算法接口并使用。

2）利用多线程方式实现视频流的人体骨骼点检测。

1. 定义RockX人体骨骼关键点检测算法接口并使用

步骤1 导入相关库。

```
import time,cv2
from rockx import RockX                                      # 导入人体骨骼关键点检测算法接口库
```

步骤2 加载图片数据。图片使用OpenCV实现摄像头采集一张图片，或者使用OpenCV读取现有的图片，这里使用读取摄像头的方式。

（1）读取一张图片

📖 动手练习❶

请根据以上信息在<1>处填写代码，实现以下内容：

● 利用摄像头采集一张图片。

● 将读取的结果赋给变量image_pose。

● 将图片保存在./images/路径下，名称为pose.jpg。

<1>

填写完成后执行代码，若图像成功采集并保存，则说明填写正确。

（2）显示读取的图片

```
import ipywidgets as widgets                                 # 导入Jupyter画图库
from IPython.display import display                          # 导入Jupyter显示库
imgbox = widgets.Image()                                     # 定义一个图像盒子，用于装载图像数据
display(imgbox)                                              # 将盒子显示出来
imgbox.value = cv2.imencode('.jpg', image_pose)[1].tobytes() # 把图像值转换成byte类型的值
```

（3）获取图片信息

获取图片的长、宽和通道数。

```
in_img_h, in_img_w, ch = image_pose.shape
print(in_img_h, in_img_w, ch)
```

步骤3 实例化算法接口。在RockX库中，包含了算法的各种功能模式。

🌐 **类说明**

handle = RockX(功能类型)

功能类型：这里采用人体骨骼点检测的功能模式。

● RockX.ROCKX_MODULE_POSE_BODY：人体骨骼点检测的功能类型。

⌨ **动手练习②** ▷

请根据以上信息完成以下内容。

● 请在<1>处填上人脸检测的功能类型，实例化人体骨骼点检测对象，并赋值给pose_body_handle。

```
pose_body_handle = <1>
pose_body_handle
```

填写完成后执行代码，若输出类似<rockx.RockX.RockX at 0x7f502c0cf8>的地址，则说明填写正确。

步骤4 调用人体骨骼点检测函数。为了获取目标的位置，调用人体骨骼点检测函数，通过对图像的检测来识别人体骨骼点的位置信息。

🌐 **函数说明**

ret,results=rockx_pose_body(in_img, width, height, pixel_fmt)

功能：识别人体骨骼点的位置信息。

返回值说明：

● ret：状态码，0为成功，其他为失败。

● results：RockX对象的列表，就是说一张图可能包含多个人体骨骼点对象，每个对象都包含了人体骨骼点的位置信息等。

■ results[0].points 是所有关键点的坐标信息列表，每个关键点都包含x、y坐标值。

参数说明：

● in_img：图片。

● width：图片宽。

● height：图片高。

● pixel_fmt：图片像素格式。

⌨ **动手练习③** ▷

请根据以上信息以及获取到的图片信息，完成以下调用人体骨骼点检测函数的内容。

● 请在<1>处填上前面获取到的图片对象。

● 请在<2>、<3>处填上前面获取到的图片的宽、高。

```
ret, results = pose_body_handle.rockx_pose_body(<1>, <2>, <3>, RockX.ROCKX_PIXEL_FORMAT_BGR888)
print(ret, results)
```

填写完成后执行代码，若输出内容与下方结果类似，则说明填写正确。

```
0 [Keypoint(count=18, points=[Point(x=134, y=57), Point(x=134, y=88), Point(x=89, y=76), Point(x=76, y=155),
Point(x=87, y=206), Point(x=169, y=88), Point(x=181, y=155), Point(x=159, y=219), Point(x=100, y=223), Point(x=87,
y=324), Point(x=-1, y=-1), Point(x=147, y=223), Point(x=159, y=324), Point(x=-1, y=-1), Point(x=123, y=41),
Point(x=135, y=41), Point(x=112, y=43), Point(x=147, y=41)], score=array([0.88928175, 0.79072917, 0.6791816 ,
0.7347024 , 0.6945795 ,
    0.8111542 , 0.8289234 , 0.7789357 , 0.70181996, 0.5362376 ,
    0.         , 0.6947692 , 0.5428141 , 0.         , 0.8383455 ,
    0.809352  , 0.6918603 , 0.71174794], dtype=float32))]
```

步骤5 画出人体的骨骼点位和骨骼点连线。RockX.ROCKX_POSE_BODY_KEYPOINTS_PAIRS是算法自带的已经集成在RockX里面的配对列表。这里的绘画结果只通过获取到的第一个人体来说明，也就是results[0]；如果需要多个，那么数值可用变量代替。

⌨ **动手练习❹**

请根据以上信息以及获取到的图片信息，完成以下调用人体骨骼点检测函数的内容。

● 利用cv2.circle( )函数，在<1>处填上获取到的关键点的坐标，用来描绘关键点的圆点。

● 请在<2>、<3>处填上获取到的关键点的起点坐标、终点坐标，用来描绘两个关键点之间的连线。

```
if ret == 0:
    for p in results[0].points:
        # p.x、p.y是关键点坐标的x、y值
        cv2.circle(image_pose, <1>, 3, (0, 255, 0), 3)
    for pairs in RockX.ROCKX_POSE_BODY_KEYPOINTS_PAIRS:
        pt1 = results[0].points[pairs[0]]  # 关键点连线的起点
        pt2 = results[0].points[pairs[1]]  # 关键点连线的终点
        if pt1.x <= 0 or pt1.y <= 0 or pt2.x <= 0 or pt2.y <= 0:
            continue
        cv2.line(image_pose, <2>, <3>, (255, 0, 0), 2)
else:
    print('识别失败')
```

填写完成后执行代码，若未输出识别失败的提示，则说明填写正确。

步骤6 将经过算法处理的图像进行显示，利用Jupyter的画图库和显示库来显示获取的图片。

```
import ipywidgets as widgets                              # 导入Jupyter画图库
from IPython.display import display                       # 导入Jupyter显示库
imgbox = widgets.Image( )                                 # 定义一个图像盒子，用于装载图像数据
display(imgbox)                                           # 将盒子显示出来
imgbox.value = cv2.imencode('.jpg', image_pose)[1].tobytes( )   # 把图像值转换成byte类型的值
```

2. 利用多线程方式实现视频流的人体骨骼点检测

步骤1 导入依赖库。

```
import time                              # 导入时间库
import cv2                               # 导入OpenCV图像处理库
from lib.ft2 import ft                   # 导入中文描绘库
import threading                         # 这是Python的标准库，导入线程库
import ipywidgets as widgets             # 导入Jupyter画图库
from IPython.display import display      # 导入Jupyter显示库
from rockx import RockX                  # 导入算法库
```

步骤2 定义摄像头采集线程。

结合上面的OpenCV采集图像的内容，利用多线程的方式串起来，形成一个可传参、可调用的通用类。这里定义了一个全局变量camera_img，用作存储获取的图片数据，以便其他线程可以调用。

__init__( )初始化函数：实例化该线程的时候会自动执行初始化函数，在初始化函数里面打开摄像头，并设置分辨率。

run( )函数：该函数在实例化后执行start( )启动函数的时候会自动执行。在该函数里，实现了循环获取图像的内容。

```
class CameraThread(threading.Thread):
    def __init__(self, camera_id, camera_width, camera_height):
        threading.Thread.__init__(self)
        self.working = True
        self.cap = cv2.VideoCapture(camera_id)
        self.cap.set(cv2.CAP_PROP_FRAME_WIDTH, camera_width)
        self.cap.set(cv2.CAP_PROP_FRAME_HEIGHT, camera_height)
    def run(self):
        global camera_img
        while self.working:
            try:
                ret, image = self.cap.read()
                if not ret:
                    time.sleep(0.1)
                    continue
                camera_img = image
            except Exception as e:
                pass
    def stop(self):
        if self.working:
            self.working = False
            self.cap.release()
```

步骤3 定义算法识别线程。

结合调用算法接口的内容和图像显示内容，利用多线程的方式整合起来，循环识别，对摄像头采集线程中获取的每一帧图片进行识别并显示，形成视频流的画面。

__init__( )初始化函数：实例化该线程的时候会自动执行初始化函数，在初始化函数里面定义了显示内容，并实例化人体关键点检测模型。

run（）函数：该函数在实例化后执行start（）启动函数的时候会自动执行。该函数是一个循环，实现了对采集的每一帧图片进行算法识别，然后将结果绘在图片上，并将处理后的图片显示出来。

```python
class PoseDetectThread(threading.Thread):
    def __init__(self):
        threading.Thread.__init__(self)
        self.working = True
        self.running = False
        self.pose_body_handle = RockX(RockX.ROCKX_MODULE_POSE_BODY)
        self.imgbox = widgets.Image()
        display(self.imgbox)
    def run(self):
        self.running = True
        while self.working:
            try:
                limg = camera_img
                if not (limg is None):
                    in_img_h, in_img_w, bytesPerComponent = limg.shape
                    ret, results = self.pose_body_handle.rockx_pose_body(limg, in_img_w, in_img_h, RockX.
ROCKX_PIXEL_FORMAT_BGR888)
                    for result in results:
                        if ret == 0:
                            for p in result.points:
                                cv2.circle(limg, (p.x, p.y), 3, (0, 255, 0), 3)
                            for pairs in RockX.ROCKX_POSE_BODY_KEYPOINTS_PAIRS:
                                pt1 = result.points[pairs[0]]
                                pt2 = result.points[pairs[1]]
                                if pt1.x <= 0 or pt1.y <= 0 or pt2.x <= 0 or pt2.y <= 0:
                                    continue
                                cv2.line(limg, (pt1.x, pt1.y), (pt2.x, pt2.y), (255, 0, 0), 2)
                    self.imgbox.value = cv2.imencode('.jpg', limg)[1].tobytes()
                time.sleep(0.01)
            except Exception as e:
                pass
        self.running = False
    def stop(self):
        self.working = False
        while self.running:
            time.sleep(0.01)
        self.pose_body_handle.release()
```

步骤4　启动线程。

实例化两个线程，并启动这两个线程，实现完整的目标功能。

```
camera_th = CameraThread(0, 640, 480)
camera_th.start( )
pose_detect_th = PoseDetectThread( )
pose_detect_th.start( )
```

步骤5 停止线程。

为了避免占用资源，需要停止摄像头采集线程和算法识别线程，或者重启内核。

```
pose_detect_th.stop( )
camera_th.stop( )
```

任务小结 ◀

本任务主要使读者了解目标检测的定义和应用场景，掌握RockX人体关键点检测算法接口的定义与使用的相关知识，实现多线程调用算法进行实时人体关键点检测。

通过本任务的学习，读者可对RockX人体关键点检测算法的基本知识和概念有更深入的了解，在实践中逐渐熟悉RockX人体关键点检测算法的操作方法。该任务相关的知识技能小结的思维导图如图2-3-4所示。

图2-3-4 思维导图

任务4　车牌识别算法接口应用

知识目标

- 了解车牌识别算法的原理和分类。

- 了解车牌识别算法的接口参数作用。

- 了解车牌识别算法的接口调用方法。

能力目标

- 能够使用摄像头采集图像。

- 能够调用车牌识别算法接口。

- 能够使用多线程方式实现视频流的车牌识别。

⑥ 素质目标

- 具有妥善处理变化、挑战逆境的能力。

- 具有识别和探究多种"自我效能"策略的能力。

任务描述与要求 ◀

任务描述：

本任务要求调用Rock-XSDK的车牌识别函数对图片进行车牌识别，并且使用摄像头用线程的方式实时对视频流进行车牌识别。

任务要求：

- 调用目标检测函数对图片进行车牌识别。

- 使用线程对视频流进行实时车牌识别。

- 实现多线程调用算法进行图像识别。

任务分析与计划 ◀

根据所学相关知识，制订完成本任务的实施计划，见表2-4-1。

表2-4-1 任务计划

项目名称	边缘计算算法SDK应用
任务名称	车牌识别算法接口应用
计划方式	自主设计
计划要求	请用5个计划步骤来完整描述出如何完成本任务
序　号	任 务 计 划
1	
2	
3	
4	
5	

知识储备

在本任务的知识储备中主要介绍:

1)车牌识别。

2)RockX车牌识别算法简介。

车牌识别

1. 车牌识别

（1）车牌识别的含义

车牌识别技术是伴随人工智能技术的成熟而发展的，是从OCR识别中独立出来的一个分支。车牌识别技术是指对摄像机所拍摄的车辆图像或视频序列，经过机器视觉、图像处理、特征提取、车牌字符识别等算法处理后自动读取车牌号码、车牌类型、车牌颜色等信息的技术。目前的技术水平为字母和数字的识别率可达到99.7%，汉字的识别率可达到99%。它的硬件基础包括触发设备、摄像设备、照明设备、图像采集设备、识别车牌号码的处理机，其软件核心包括车牌定位、字符分割、字符识别等算法。目前，车辆识别技术已经被广泛应用于智能交通系统的各种场合，像公路收费、停车管理、称重系统、交通诱导、交通执法、公路稽查、车辆调度、车辆检测等，对于维护交通安全和城市治安，防止交通堵塞，实现交通全自动化管理有着现实的意义，如图2-4-1所示。

（2）车牌识别的应用场景

车牌识别在高速公路车辆管理中得到了广泛应用。

在电子收费（ETC）系统中，车牌识别技术结合DSRC（Dedicated Short Range Communications，专用短程通信）技术是识别车辆身份的主要手段。

在停车场管理中，车牌识别技术也是识别车辆身份的主要手段。车牌识别技术可结合电子不停车收费系统（ETC）识别车辆，过往车辆通过道口时无须停车就能够实现车辆身份自动识别、自动收费。

在车场管理中，为提高出入口车辆的通行效率，车牌识别针对无须收停车费的车辆（如月卡车、内部免费通行车辆）建设无人值守的快速通道，免取卡、不停车的出入体验正改变着出入停车场的管理模式。无人停车场如图2-4-2所示。

图2-4-1 车牌识别

图2-4-2 无人停车场

2. RockX车牌识别算法简介

RockX车牌识别库是集成在核心开发板上的一套Python的接口库，可以直接调用。可识别的车牌字符见表2-4-2。

表2-4-2 可识别的车牌字符

字 符 类 别	可识别字符
省份中文字符	京 沪 津 渝 冀 晋 蒙 辽 吉 黑 苏 浙 皖 闽 赣 鲁 豫 鄂 湘 粤 桂 琼 川 贵 云 藏 陕 甘 青 宁 新
数字和字母	0 1 2 3 4 5 6 7 8 9 A B C D E F G H J K L M N P Q R S T U V W X Y Z
车牌用途中文字符	港 学 使 警 澳 挂 军 北 南 广 沈 兰 成 济 海 民 航 空

 任务实施

要完成本任务，可以将实施步骤分成以下两步：

1）定义RockX车牌识别算法接口并使用。

2）利用多线程方式实现视频流的车牌识别。

1. 定义RockX车牌识别算法接口并使用

步骤1 导入相关库。

```
import time                    # 导入时间库
import cv2                     # 导入OpenCV图像处理库
from rockx import RockX        # 导入车牌识别算法接口库
```

步骤2　加载图片数据。图片使用OpenCV实现摄像头采集一张图片，或者使用OpenCV读取现有的图片，这里使用读取摄像头的方式。

（1）读取一张图片

⌨ 动手练习❶ ▶

请根据以上信息，在<1>处填写代码，实现以下内容：

● 利用摄像头采集一张图片。

● 将读取的结果赋给变量image_car。

● 将图片保存在./images/路径下，图片名称为car.jpg。

<1>

填写完成后执行代码，若图像成功采集并保存，则说明填写正确。

（2）显示读取的图片

```
import ipywidgets as widgets                              # 导入Jupyter画图库
from IPython.display import display                        # 导入Jupyter显示库
imgbox = widgets.Image()                                   # 定义一个图像盒子，用于装载图像数据
display(imgbox)                                            # 将盒子显示出来
imgbox.value = cv2.imencode('.jpg', image_car)[1].tobytes()  # 把图像值转换成byte类型的值
```

（3）获取图片信息

获取图片的长、宽和通道数。

```
in_img_h, in_img_w, ch = image_car.shape
```

步骤3　实例化算法接口。在RockX库中，包含了算法的各种功能模式。

🌐 类说明

handle = RockX (功能类型)

功能类型：这里采用车牌的检测、对齐和识别的功能模式。

● RockX.ROCKX_MODULE_CARPLATE_DETECTION：车牌检测。

● RockX.ROCKX_MODULE_CARPLATE_ALIGN：车牌对齐。

● RockX.ROCKX_MODULE_CARPLATE_RECOG：车牌识别。

⌨ 动手练习❷ ▶

请根据以上信息，完成以下内容。

● 请在<1>处填上车牌检测的功能类型实例化车牌检测对象。

● 请在<2>处填上车牌追踪的功能类型实例化车牌对齐对象。

● 请在<3>处填上车牌对齐的功能类型实例化车牌识别对象。

```
carplate_det_handle = <1>                    # 检测
carplate_align_handle = <2>                  # 对齐
carplate_recog_handle = <3>                  # 识别
```

填写完成后执行代码，若无报错信息且后续实例化对象功能正常，则说明填写正确。

步骤4 调用车牌检测函数，通过对图像的检测识别车牌的位置信息。

🌐 **函数说明**

rockx_carplate_detect(in_img, width, height, pixel_fmt)

功能：识别车牌的位置信息。

返回值说明：

● ret：状态码，0为成功，其他为失败。

● results：RockX对象的列表，一张图可能包含多个车牌对象，每个对象都包含了车牌的位置框信息等。比如，其中的一个车牌信息：

    ■ results[0].box：车牌的位置框信息。

    ■ (results[0].box.left, results[0].box.top)：左上角的位置。

    ■ (results[0].box.right, results[0].box.bottom)：右下角的位置。

参数说明：

● in_img：图片。

● width：图片宽。

● height：图片高。

● pixel_fmt：图片像素格式。

⌨ **动手练习❸**

请根据以上信息以及获取到的图片信息，完成以下调用车牌检测函数的内容。

● 请在<1>处填上前面获取到的图片对象。

● 请在<2>、<3>处填上前面获取到的图片的宽、高。

```
ret, results = carplate_det_handle.rockx_carplate_detect(<1>, <2>, <3>, RockX.ROCKX_PIXEL_FORMAT_
BGR888)
print(ret, results)
```

填写完成后执行代码，若输出内容与下方结果类似，则说明填写正确。

```
0 [Object(id=0, cls_idx=0, box=Rect(left=64, top=184, right=371, bottom=280),
score=0.999495804309845)]
```

步骤5 调用车牌对齐函数。把车牌对象的位置框信息作为输入，进行车牌的校正对齐。这里只使用单个车牌（results[0]）结果来做检测识别。

函数说明

ret, align_result = rockx_carplate_align(in_img,width,height, pixel_fmt,in_box)

功能：进行车牌的校正对齐。

返回值说明：

- ret：状态码，0为成功，其他为失败。

- align_ result：返回对齐后的图片数据信息。

参数说明：

- in_img：图片。

- width：图片宽。

- height：图片高。

- pixel_fmt：图片像素格式。

- in_box：车牌检测后的单个车牌的位置信息。

动手练习④

请根据以上信息以及获取到的图片信息，完成以下调用车牌对齐函数的内容。

- 请在<1>处填上前面获取到的图片对象。

- 请在<2>、<3>处填上前面获取到的图片的宽、高。

- 请在<4>处填上前面获取到的单个车牌的位置框信息。

```
ret, align_result = carplate_align_handle.rockx_carplate_align(<1>,
<2>,
<3>,
RockX.ROCKX_PIXEL_FORMAT_RGB888,
<4>)
print(ret, align_result)
```

填写完成后执行代码，若输出内容与下方结果类似，则说明填写正确。

```
0 CarplateAlignResult(aligned_image=array([[[241, 209, 178],
        [244, 207, 169],
        [241, 204, 165],
        ...,
        [255, 200, 150],
        [255, 200, 148],
        [255, 197, 143]],

       [[224, 174, 129],
        [161, 101,  44],
        [155,  85,  22],
```

步骤6 调用车牌识别函数。为了获取具体的车牌信息，调用车牌识别函数，针对校正对齐后的图片数据结果进行识别分析。

🌐 **函数说明**

ret, recog_result= rockx_carplate_recognize(in_aligned_img)

功能：进行车牌的校正对齐。

返回值说明：

- ret：状态码，0为成功，其他为失败。

- recog_result：返回识别后的结果信息，如车牌号。

参数说明：

- in_aligned_img: 车牌对齐后的对象的图片数据。

```
if align_result is not None:
    ret, recog_result = carplate_recog_handle.rockx_carplate_recognize(align_result.aligned_image)
    print(ret, recog_result)
```

步骤7 画出车牌框，并绘制车牌号。

⌨ **动手练习❺** ▷

请根据以上信息以及获取到的图片信息，画出车牌框，并绘制车牌号的内容。

- 请在<1>处填上前面获取到的图片对象。

- 请在<2>、<3>处填上前面获取到的车牌框，左上角、右下角的位置坐标信息，用来画出车牌的位置框。

- 请在<4>处填上前面获取到的单个车牌识别的结果，即车牌号，用来在图片上绘制车牌号。

```
from lib.ft2 import ft  # 中文描绘库
if recog_result is not None:
    cv2.rectangle(<1>, <2>, <3>, (0, 255, 0), 2)
    image_car = ft.draw_text(image_car, (results[0].box.left, results[0].box.top − 50),
                             '{}'.format(<4>), 34, (0, 0, 255))
```

填写完成后执行代码，若无报错信息输出，并且运行后续代码可显示图像、车牌位置标框及车牌号，则说明填写正确。

步骤8 将经过算法处理的图像进行显示。

利用Jupyter的画图库和显示库来显示获取的图片。

```
import ipywidgets as widgets                              # 导入Jupyter画图库
from IPython.display import display                       # 导入Jupyter显示库
imgbox = widgets.Image()                                  # 定义一个图像盒子，用于装载图像数据
display(imgbox)                                           # 将盒子显示出来
imgbox.value = cv2.imencode('.jpg', image_car)[1].tobytes()   # 把图像值转换成byte类型的值
```

2. 利用多线程方式实现视频流的车牌识别

步骤1 导入依赖库。

```
import time                                  # 导入时间库
import cv2                                   # 导入OpenCV图像处理库
from lib.ft2 import ft                       # 导入中文描绘库
import threading                             # 这是Python的标准库，导入线程库
import ipywidgets as widgets                 # 导入Jupyter画图库
from IPython.display import display          # 导入Jupyter显示库
from rockx import RockX                      # 导入算法库
```

步骤2 定义摄像头采集线程。

结合上面的OpenCV采集图像的内容，利用多线程的方式串起来，形成一个可传参、可调用的通用类。这里定义了一个全局变量camera_img，用作存储获取的图片数据，以便其他线程可以调用。

__init__（）初始化函数：实例化该线程的时候会自动执行初始化函数，在初始化函数里面打开摄像头，并设置分辨率。

run（）函数：该函数在实例化后执行start（）启动函数的时候会自动执行。在该函数里，实现了循环获取图像的内容。

```
class CameraThread(threading.Thread):
    def __init__(self, camera_id, camera_width, camera_height):
        threading.Thread.__init__(self)
        self.working = True
        self.cap = cv2.VideoCapture(camera_id)
        self.cap.set(cv2.CAP_PROP_FRAME_WIDTH, camera_width)
        self.cap.set(cv2.CAP_PROP_FRAME_HEIGHT, camera_height)
    def run(self):
        global camera_img
        while self.working:
            try:
                ret, image = self.cap.read()
                if not ret:
                    time.sleep(0.1)
                    continue
                camera_img = image
            except Exception as e:
                pass
    def stop(self):
        self.working = False
        self.cap.release()
```

步骤3 定义算法识别线程。

结合调用算法接口的内容和图像显示内容，利用多线程的方式整合起来，循环识别，对摄像头采集线程中获取的每一帧图片进行识别，并显示形成视频流的画面。

  __init__ ( ) 初始化函数：实例化该线程的时候会自动执行初始化函数，在初始化函数里面定义了显示内容，并实例化车牌识别模型。

  run ( ) 函数：该函数在实例化后执行start ( ) 启动函数的时候会自动执行，实现了对采集的每一帧图片进行算法识别，然后将结果绘在图片上，并将处理后的图片显示出来。

```python
class PlateDetectThread(threading.Thread):
    def __init__(self):
        threading.Thread.__init__(self)
        self.working = True
        self.running = False
        self.carplate_det_handle = RockX(RockX.ROCKX_MODULE_CARPLATE_DETECTION)
        self.carplate_align_handle = RockX(RockX.ROCKX_MODULE_CARPLATE_ALIGN)
        self.carplate_recog_handle = RockX(RockX.ROCKX_MODULE_CARPLATE_RECOG)
        self.imgbox = widgets.Image()
        display(self.imgbox)
    def run(self):
        self.running = True
        while self.working:
            try:
                limg = camera_img   # 获取全局变量图像值
                if not (limg is None):
                    in_img_h, in_img_w, bytesPerComponent = limg.shape
                    ret, results = self.carplate_det_handle.rockx_carplate_detect(limg, in_img_w, in_img_h,RockX.ROCKX_PIXEL_FORMAT_BGR888)
                    for result in results:
                        ret, align_result = self.carplate_align_handle.rockx_carplate_align(limg, in_img_w, in_img_h, RockX.ROCKX_PIXEL_FORMAT_BGR888,result.box)
                        if align_result is not None:
                            ret, recog_result = self.carplate_recog_handle.rockx_carplate_recognize(align_result.aligned_image)
                            if recog_result is not None:
                                plate_number = recog_result
                                cv2.rectangle(limg, (result.box.left, result.box.top),
                                              (result.box.right, result.box.bottom),
                                              (0, 255, 0), 2)
                                if (result.box.top - 50) > 0:
                                    limg = ft.draw_text(limg, (result.box.left, result.box.top - 50), '{}'.format(plate_number), 34, (0, 0, 255))
                                else:
                                    limg = ft.draw_text(limg, (result.box.left, result.box.bottom), '{}'.format(plate_number), 34, (0, 0, 255))
                                self.imgbox.value = cv2.imencode('.jpg', limg)[1].tobytes()
```

```
            except Exception as e:
                    pass
        self.running = False
    def stop(self):
        self.working = False
        while self.running:
            time.sleep(0.01)
        self.carplate_recog_handle.release( )
        self.carplate_align_handle.release( )
        self.carplate_det_handle.release( )
```

步骤4 启动线程。

实例化两个线程，并启动这两个线程，实现完整的目标功能。运行时，加载模型会比较久，需要等待几秒。

```
camera_th = CameraThread(0, 640, 480)
camera_th.start( )
plate_detect_th = PlateDetectThread( )
plate_detect_th.start( )
```

步骤5 停止线程。

为了避免占用资源，需要停止摄像头采集线程和算法识别线程，或者重启内核。

```
plate_detect_th.stop( )
camera_th.stop( )
```

本任务主要介绍车牌识别在生活中的应用场景，利用OpenCV实现图像的采集调用算法接口以进行图像识别，使用多线程方式实现车牌的实时识别。

通过本任务的学习，读者可对RockX车牌识别算法的基本知识和概念有更深入的了解，在实践中逐渐熟悉RockX车牌识别算法的操作方法。该任务相关的知识技能小结的思维导图如图2-4-3所示。

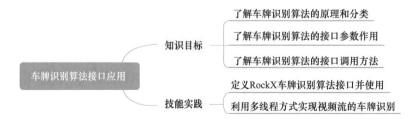

图2-4-3 思维导图

项目③

TensorFlow图像上色模型部署

引 **导案例**

图像彩色化，顾名思义，是指给图片中的每个单元重新赋予新的颜色，如图3-0-1所示。早期的彩色化指的是对灰度图像的彩色化处理，从本质上来说，灰度图像彩色化就是把目标图像中的每个像素，用多维空间中的矢量（如色调、饱和度、亮度）来取代灰度值的亮度这一维标量的过程。图像彩色化作为一种图像增强处理手段，目的在于提高图像彩色化的精确度、视觉效果以及图像分析时的精准应用。

图3-0-1　图像彩色化

图像彩色化的研究主要有基于参考图像的颜色传递方法和基于人工着色的局部颜色扩展方法。一般来说，基于参考图像的颜色传递方法首先采取图像处理方法，如借助图像融合技术的红外图像彩色化方法，基于图像分割技术、图像分类技术的图像彩色化方法；基于人工着色的局部颜色扩展方法主要依赖于偏微分方程将彩色化问题转换为最优解问题。

常见的图像彩色化方法大多是通过对目标图像进行分割、分块，然后对应着色，应用偏微分方程将彩色化问题转换为最优解问题，借助图像融合、图像分类分割、深度学习和稀疏字典等技术手段实现图

像的彩色化。

　　本项目通过两个任务向读者介绍如何使用TensorFlow及其基础应用。本项目的任务1介绍基于TensorFlow的图像彩色化的模型构建和训练方法；任务2介绍TensorFlow模型转换为RKNN模型并进行预测。

任务1　　使用TensorFlow训练图像彩色化模型

知识目标

- 了解人工智能框架的分类介绍。
- 了解TensorFlow的组件与工作原理。
- 了解RGB与LAB颜色空间。

能力目标

- 能够使用TensorFlow搭建神经网络。
- 能够使用TensorFlow进行模型训练。

素质目标

- 具有精益求精的工作态度。
- 具有承担风险的责任精神。

任务描述与要求

任务描述：

　　本任务要求了解图像彩色化的相关知识，通过TensorFlow构建、训练模型，并使用模型对黑白图像进行彩色化。

任务要求：

- 加载准备好的数据集进行数据分割和预处理。
- 定义模型结构并进行模型训练和可视化。
- 对训练好的模型进行测试。

任务分析与计划

　　根据所学相关知识，制订完成本任务的实施计划，见表3-1-1。

表3-1-1　任务计划

项目名称	TensorFlow图像上色模型部署
任务名称	使用TensorFlow训练图像彩色化模型
计划方式	自我设计
计划要求	请用5个计划步骤来完整描述出如何完成本任务
序　号	任务计划
1	
2	
3	
4	
5	

在本任务的知识储备中主要介绍：

1）TensorFlow简介。

2）图像彩色化应用及意义。

3）RGB与LAB颜色空间。

TensorFlow简介

1. 图像彩色化应用及意义

图像彩色化技术广阔的应用前景使其成为数字图像处理领域的重要研究内容。近十年，伴随着数字技术和信息技术的进步，图像彩色化一度成为使用图像处理软件的用户相当感兴趣的话题，这可以由互联网上各种各样的彩色化教程得到证实。另外，其研究成果对彩色图像合成、图像颜色处理、图像处理等相关领域的研究具有重要的参考价值和研究意义。

以下是近年来图像彩色化技术在各学科方面的典型应用：

● 遥感图像。人造地球卫星在运行过程中，通过照相机、电视摄像机等设备对地面物体进行摄影或扫描所获得的图像资料中有些是灰度图像。对灰度航空图像或全色卫星图像彩色化不仅可以使图像更加直观清晰，而且可以实现对接收到的场景的真实性进行模拟。更重要的是，对遥感图像彩色化可以突显图像中有研究价值的内容和细节，使黑白图像中不易被识别的信息能被清晰识别，这对分析和辨别图像细节有重要意义。

● 黑白照片和黑白电影的着色。很多经典的老照片大都是灰度图像，20世纪七八十年代的电影都是黑白电影，这些黑白电影在当今仍具有其艺术价值和商业价值。为黑白电影添加上适当的颜色，能使其更具观赏性，而这正是过去黑白电影难以实现的。

● 医疗影像。在医学领域中，一些医学成像设备（如CT、MRI、SPECT、DSA等）由于成像机理的限制得到的影像只能是灰度图像。通过对这些图像进行彩色化处理，可以增强其可视化效果，增强信息量，更有利于医疗人员做出正确的病情诊断。此技术在临床影像诊断参照、虚拟活检、虚拟手术等领域都有广泛的应用前景。

● 黑白动画片和漫画着色。20世纪80年代以后，动漫产业越来越繁荣，现代化流水线的动画制作，很多都是先手绘线稿，然后扫描进计算机处理线条细节，最后的工作就是对动画里的卡通人物与背景进行彩色化，可见彩色化技术在动画制作中的重要作用。漫画是动的前身，早期漫画很少有彩色页面，因为漫画彩色化既浪费时间，又浪费劳力。现在出版的大部分漫画书中，也有一部分是彩色页。将彩色化技术应用于黑白动画片和漫画，可以快速实现对轮廓清晰的动态变化的前景层和相对较静态的背景层的着色。

● 电影特技制作和处理。电影特技指的是将特殊的拍摄和计算机合成制作技术相结合，实现具有特殊玄幻效果的电影画面。在电影特技的制作和处理过程中应用彩色化技术，可以降低电影制作成本，提高影视制作效率，使真实场景的模拟更加逼真。彩色化技术在电影特技制作中具有广泛应用前景和挑战性。

● 夜视图像处理。在军事、公安、深水考查、航天航海、卫星监测等领域，经常会处理许多夜视图像。夜视图像通常都是灰度图像，给夜视图像做彩色化处理，可以更方便侦查人员在实际夜视监控中识别目标和判断方位等。

● 古建筑及古文物的保护和修复。保护因经历漫长的历史变迁而遭到不同程度破坏的建筑彩绘、古建筑和彩色造型文物是现在社会迫在眉睫的需要解决的问题。将彩色化技术应用到基于计算机辅助的色彩修复和模拟是行之有效的古文化修复手段，其具有重要的应用意义并已经引起各学术界的密切关注。此外，色彩信息还往往被添加到一些科学图片上，加强教育性和生动性。

2. RGB与LAB颜色空间

（1）RGB颜色空间

在计算机技术中使用最广泛的颜色空间是RGB颜色空间，RGB颜色空间以R（红）、G（绿）、B（蓝）3种基本色为基础，进行不同程度的叠加，从而产生丰富而广泛的颜色，所以俗称三基色模式。大自然中有无穷多种不同的颜色，而人眼只能分辨有限种不同的颜色。RGB模式可表示1600多万种不同的颜色。在人眼看来，RGB模式的颜色非常接近大自然的颜色，故又称为自然色彩模式。红、绿、蓝代表可见光谱中的3种基本颜色，或称为三原色，每一种颜色按其亮度的不同分为256个等级。当色光三原色重叠时，由于不同的混色比例能产生各种中间色，例如，三原色相加可产生白色（如图3-1-1所示），所以RGB模式是加色过程。屏幕显示的基础是RGB模式，彩色印刷品却无法用RGB模式来显示各种彩色，所以RGB模式常用于视频、多媒体与网页设计。

对图像处理而言，RGB是最为重要和常见的颜色模型，它建立在笛卡儿坐标系中，以红、绿、蓝3种基本色为基础，进行不同程度的叠加，产生丰富而广泛的颜色，俗称三基色模式。RGB颜色模型如图3-1-2所示。

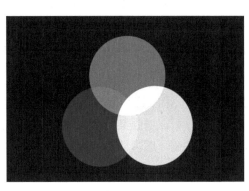

图3-1-1　三原色相加

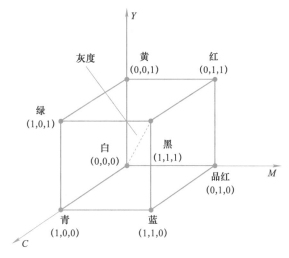

图3-1-2　RGB颜色模型

（2）Lab颜色空间

同RGB颜色空间相比，Lab颜色空间是一种不常用的色彩空间。它是在1931年国际照明委员会（CIE）制定的颜色度量国际标准的基础上建立起来的。1976年，经修改后被正式命名为CIELab。它是一种与设备无关的颜色系统，也是一种基于生理特征的颜色系统。这也意味着，它用数字化的方法来描述人的视觉感应。Lab颜色空间中的L分量用于表示像素的亮度，取值范围是[0, 100]，表示从纯黑到纯白；a表示从红色到绿色的范围，取值范围是[127, -128]；b表示从黄色到蓝色的范围，取值范围是[127, -128]。

在Lab颜色空间中，一种颜色由L（明度）、a颜色、b颜色3种参数表征。在一幅图像中，每一个像素都有对应的Lab值。一幅图像有对应的L通道、a通道和b通道。在Lab中，明度和颜色是分开的，L通道没有颜色，a通道和b通道只有颜色。不像在RGB颜色空间中，R通道、G通道、B通道既包含明度又包含颜色。L的取值为0～100（纯黑～纯白）、a的取值为+127～-128（洋红～绿）、b的取值为+127～-128（黄～蓝）。正为暖色，负为冷色。Lab颜色空间如图3-1-3所示。

Lab有个很好的特性——设备无关性（Device-Independent）。也就是说，在给定了颜色空间白点之后，这个颜色空间就能明确地确定各个颜色是如何被创建和显示的，与使用的显示介质没有关系，如图3-1-4所示。

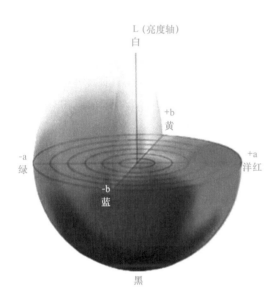

图3-1-3　Lab颜色空间

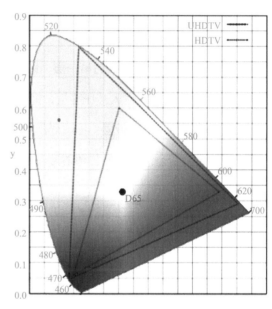

图3-1-4　设备无关性

任务实施

要完成本任务，可以将实施步骤分成以下5步：

1）导入依赖包。

2）加载数据集。

3）定义模型。

4）训练模型。

5）测试模型。

1. 导入依赖包

依赖包说明:

- os: 对文件以及文件夹等进行一系列的操作。

- pathlib: 面向对象的文件系统路径库。

- numpy: 支持大量的维度数组与矩阵运算,也提供大量的数学函数库。

- matplotlib: Python的一个绘图库。

- tensorflow: 一个基于数据流编程的符号数学系统,被广泛应用于各类机器学习算法的编程实现中。

- Dense: 全连接层,全连接就是把以前的局部特征重新通过权值矩阵组装成完整的图。

- BatchNormalization: 批量标准化层,用于将数据标准化。

- UpSampling2D: 对卷积结果进行上采样,从而将特征图放大。

- Reshape: 将一定维度的多维矩阵重新排列,构造一个新的保持同样元素数量但是不同维度尺寸的矩阵。

- Input: 用于构建网络的第一层,即输入层。

- Flatten: 用来将输入"压平",即把多维的输入一维化。

- Conv2D: 二维卷积层,提取局部特征。

- Conv2DTranspose: 二维卷积层的逆运算。

```
import os,pathlib
import numpy as np
import matplotlib.pyplot as plt
import tensorflow as tf
from tensorflow.keras.layers import Conv2D, Conv2DTranspose, BatchNormalization, UpSampling2D, Dense, Reshape, Input, Flatten
import utils
```

2. 加载数据集

步骤1 定义数据集路径。

🌐 函数说明

- pathlib.Path(): PurePath的子类,此类以当前系统的路径风格表示路径。

- list_files(): 获取数据集路径下所有的jpg图片名称,该函数的默认行为是以不确定的随机无序顺序返回文件名。通过传递种子或设置shuffle=False来确定顺序获得结果。

```
img_height, img_width = 128, 128
dataset_path = "data/train/images"
dataset_path = pathlib.Path(dataset_path)
```

⌨ 动手练习❶

请根据提示完成代码填充。

● 请在<1>处填写代码，统计dataset_path下所有jpg图片的数量。

```
image_count = <>
print(image_count)
```

完成填写后运行代码，若输出为20，则说明填写正确。

```
list_ds = tf.data.Dataset.list_files(str(dataset_path/'*.jpg'), shuffle=False)
```

🌐 函数说明

shuffle(buffer_size, seed=None, reshuffle_each_iteration=None)

功能：将数据集进行随机洗牌。

参数说明：

● buffer_size：新数据集将从此数据集中采样的元素数。

● seed：将用于创建数据集的随机种子。

● reshuffle_each_iteration：每次迭代数据集时是否都随机地重新洗牌。

⌨ 动手练习❷

请根据提示完成代码填充。

● 请在<1>处填写代码，将数据集list_ds进行随机洗牌。

```
list_ds = <>
print(type(list(list_ds)[0]), len(list(list_ds)))
```

完成填写后运行代码，若输出为<class 'tensorflow.python.framework.ops.EagerTensor'> 20，则说明填写正确。

步骤2 创建训练集和验证集。在读取数据集后，要将数据分成两部分：训练集和验证集。这样就可以使用训练集的数据来训练模型，然后用验证集上的误差作为最终模型以应对现实场景中的泛化误差。

⌨ 动手练习❸

请根据提示完成代码填充。

● 请在<1>处填写代码，创建一个从list_ds数据集中跳过val_size元素的训练集。

● 请在<2>处填写代码，创建一个从list_ds数据集中选取最多包含val_size个元素的验证集。

```
validation_split = 0.2
val_size = int(image_count * validation_split)
train_ds = <1>
val_ds = <2>
print(len(list(train_ds)), len(list(val_ds)))
```

完成填写后运行代码，若输出为16 4，则说明填写正确。

步骤3 数据预处理。在训练模型之前，数据集必须先进行预处理。图像通常使用RGB颜色空间表示。然而，根据研究表明，使用Lab颜色空间可以获得更好的结果。因此需要将读取的数据从RGB颜色空间转换到Lab颜色空间，然后提取L通道数据用于预测。

🌐 函数说明

- get_l_ab_channels：将图像变换为模型所需的大小，返回Lab颜色空间的L通道和a、b通道图像数据。

- map( )：该转换将utils.get_l_ab_channels应用于此数据集的每个元素，并返回一个包含已转换元素的新数据集，其顺序与它们在输入中出现的顺序相同。

- tf.data.experimental.AUTOTUNE：根据可用的CPU动态设置并行调用的数量。

- cache( )：缓存此数据集中元素的目录的名称。

- shuffle( )：随机洗牌数据集。

- batch( )：数据集批处理大小。

- prefetch( )：创建从该数据集中预取元素的数据集。

```
AUTOTUNE = tf.data.experimental.AUTOTUNE
train_ds = train_ds.map(utils.get_l_ab_channels, num_parallel_calls=AUTOTUNE)
val_ds = val_ds.map(utils.get_l_ab_channels, num_parallel_calls=AUTOTUNE) batch_size = 16
def configure_for_performance(ds, cache_dir):
    ds = ds.cache(cache_dir)
    ds = ds.shuffle(buffer_size=image_count)
    ds = ds.batch(batch_size)
    ds = ds.prefetch(buffer_size=AUTOTUNE)
    return ds
train_ds = configure_for_performance(train_ds, './data/cache/train_ds')
val_ds = configure_for_performance(val_ds, './data/cache/val_ds')
```

步骤4 显示数据集。从训练集中选取一个batch_size的图片进行显示。

```
for image_batch, label_batch in train_ds.take(1):
    for i in range(batch_size):
        ax = plt.subplot(4, 4, i + 1)
        plt.imshow(image_batch[i][:,:,0].numpy(), cmap='gray')
        plt.title(i)
        plt.axis("off")
```

3. 定义模型

```
def get_cnn_model():
    model = tf.keras.Sequential([
        # CONV 1
            Conv2D(filters=64, kernel_size=3, strides=(1,1), padding='same', activation='relu', input_shape=(img_height, img_width, 1)),
            Conv2D(filters=64, kernel_size=3, strides=(2,2), padding='same', activation='relu'),
```

```
        BatchNormalization(),
        # CONV2
        Conv2D(filters=128, kernel_size=3, strides=(1,1), padding='same', activation='relu'),
        Conv2D(filters=128, kernel_size=3, strides=(2,2), padding='same', activation='relu'),
        BatchNormalization(),
        #CONV3
        Conv2D(filters=256, kernel_size=3, strides=(1,1), padding='same', activation='relu'),
        Conv2D(filters=256, kernel_size=3, strides=(1,1), padding='same', activation='relu'),
        Conv2D(filters=256, kernel_size=3, strides=(2,2), padding='same', activation='relu'),
        BatchNormalization(),
        # CONV4
        Conv2D(filters=512, kernel_size=3, strides=(1,1), padding='same', activation='relu'),
        Conv2D(filters=512, kernel_size=3, strides=(1,1), padding='same', activation='relu'),
        Conv2D(filters=512, kernel_size=3, strides=(1,1), padding='same', activation='relu'),
        BatchNormalization(),
        # CONV5 (padding=2)
        Conv2D(filters=512, kernel_size=3, dilation_rate=2, strides=(1,1), padding='same', activation='relu'),
        Conv2D(filters=512, kernel_size=3, dilation_rate=2, strides=(1,1), padding='same', activation='relu'),
        Conv2D(filters=512, kernel_size=3, dilation_rate=2, strides=(1,1), padding='same', activation='relu'),
        BatchNormalization(),
        # CONV6 (padding=2)
        Conv2D(filters=512, kernel_size=3, dilation_rate=2, strides=(1,1), padding='same', activation='relu'),
        Conv2D(filters=512, kernel_size=3, dilation_rate=2, strides=(1,1), padding='same', activation='relu'),
        Conv2D(filters=512, kernel_size=3, dilation_rate=2, strides=(1,1), padding='same', activation='relu'),
        BatchNormalization(),
        # CONV7
        Conv2D(filters=512, kernel_size=3, strides=(1,1), padding='same', activation='relu'),
        Conv2D(filters=512, kernel_size=3, strides=(1,1), padding='same', activation='relu'),
        Conv2D(filters=512, kernel_size=3, strides=(1,1), padding='same', activation='relu'),
        BatchNormalization(),
        # CONV8
        Conv2DTranspose(filters=256, kernel_size=4, strides=(2,2), padding='same', activation='relu'),
        Conv2D(filters=256, kernel_size=3, strides=(1,1), padding='same', activation='relu'),
        Conv2D(filters=313, kernel_size=1, strides=(1,1), padding='valid'),
        # OUTPUT
        Conv2D(filters=2, kernel_size=1, padding='valid', dilation_rate=1, strides=(1,1), use_bias=False),
        UpSampling2D(size=4, interpolation='bilinear'),
    ])
    model.build()
    print(model.summary())
    return model
train_model = get_cnn_model()
```

4. 训练模型

步骤1 设置模型保存。

1）定义checkpoint保存路径，如果路径不存在则创建。

```
outputFolder = 'models/checkpoints'
if not os.path.exists(outputFolder):
    os.makedirs(outputFolder)
```

2）定义checkpoint保存的格式。

```
filepath = outputFolder + "/model-mse-nosotfmax-{val_accuracy:.3f}.hdf5"
```

3）定义保存checkpoint的回调函数。

🌐 **函数说明**

```
tf.keras.callbacks.ModelCheckpoint(filepath, monitor='val_loss', verbose=0, save_best_only=False,save_
weights_only=False, save_frequency=1,**kwargs)
```

功能：在每个训练期（epoch）后保存模型。

参数说明：

- filepath：模型保存的位置，可以指定到文件夹，也可以指定到具体的文件名。

- monitor：需要监视的值，通常为val_accuracy、val_loss或accuracy或loss。

- verbose：信息展示模式，可以为0或1。为1表示输出epoch模型保存信息，默认为0，表示不输出该信息。

- save_best_only：设为True或False，为True表示保存验证集上性能最好的模型。

- save_weights_only：如果为True，则只有模型的权重保存，否则保存完整模型。

- save_frequency：检查点之间的间隔。

⌨ **动手练习❹**

请根据提示完成代码填充。

- 请在<1>处填写代码，定义一个监视值，设置为val_accuracy，保存完整模型的回调函数。

```
checkpoint_callback = <>
print(checkpoint_callback.filepath, checkpoint_callback.monitor)`
```

完成填写后运行代码，若输出为models/checkpoints/model-mse-nosotfmax-{val_accuracy:.3f}.hdf5 val_accuracy，则说明填写正确。

步骤2 编译模型。在训练模型之前，需要定义损失函数和优化器等。损失函数可用来表现预测与实际数据的差距程度，衡量模型预测的好坏；优化器可在反向传播过程中指引损失函数的各个参数往正确的方向更新合适的大小，使得更新后的各个参数让损失函数值不断逼近全局最小；评测标准是用于评估模型在训练和验证时的性能的指标。

🌐 **函数说明**

model.compile(optimizer,loss,metrics)

功能：在配置训练方法时告知训练时用的优化器、损失函数和准确率评测标准。

参数说明：

● optimizer：优化器。

● loss：损失函数，多分类损失函数有二分类交叉熵损失函数binary_crossentropy、多类别交叉熵损失函数categorical_crossentropy。

● metrics：评价指标，提供了6种：准确率accuracy、二分类准确率binary_accuracy、分类准确率categorical_accuracy、稀疏分类准确率sparse_categorical_accuracy、多分类TopK准确率top_k_categorical_accuracy和稀疏多分类TopK准确率parse_top_k_categorical_accuracy。

⌨ **动手练习❺**

请根据提示完成代码填充。

● 请在<1>处填写代码，定义模型的优化器为RMSProp。

● 请在<2>处填写代码，定义模型损失函数时选取mse。

● 请在<3>处填写代码，定义模型评价指标为['accuracy']。

```
train_model.compile(<1>, <2>, <3>)
print(type(train_model.optimizer),train_model.loss,type(train_model.metrics))
```

执行以上代码，若输出为<class 'tensorflow.python.keras.optimizer_v2.rmsprop.RMSprop'> mse <class 'list'>，则说明填写正确。

步骤3 加载预训练模型权重参数。

🌐 **函数说明**

load_weights(filepath)

功能：加载模型权重参数。

参数说明：

● filepath：模型权重参数文件路径。

```
model_weights_path = "models/cnn_model_last.h5":
train_model.load_weights(model_weights_path)
```

步骤4 模型训练。

🌐 **函数说明**

model.fit(x=None, y=None, epochs=1, initial_epoch=0, callbacks=None, validation_data=None)

功能：以给定数量的轮次（数据集上的迭代）训练模型。

参数说明：

● x：训练数据。

- y：训练数据的标签。

- epochs：训练模型最终轮次，一个轮次是在整个 x 和 y 上的一轮迭代。

- initial_epoch：开始训练的轮次。

- callbacks：训练时使用的回调函数。

- validation_data：用来评估损失及在每轮结束时的任何模型度量指标。模型将不会在这个数据上进行训练。

⌨ **动手练习❻** ▸

请根据提示设置推理参数并完成模型推理。

- 请在<1>填写代码，使用训练集train_ds、验证集val_ds对模型进行训练，训练5个epoch，并使用前面定义的checkpoint_callback保存模型。

model_info = <1>

运行上面的训练代码，若有如下输出，则说明填写正确。

```
Train for 1 steps, validate for 1 steps
Epoch 297/300
1/1 [==============================] - 129s 129s/step - loss: 107.0784 - accuracy: 0.7661
Epoch 298/300
1/1 [==============================] - 116s 116s/step - loss: 198.1814 - accuracy: 0.6162
```

步骤5 训练结果可视化。在模型训练完成后，会保存模型训练过程中每个epoch的精度和损失值。

```
from PIL import Image
Image.open('./yolov5/runs/detect/exp2/bus2.jpg')
```

⌨ **动手练习❼** ▸

请根据提示设置推理参数并完成模型推理。

- 请在<1>填写代码，绘制模型在训练集上的精度折线图。

- 请在<2>填写代码，绘制模型在训练集上的精度折线图。

```
plt.plot(<1>)
plt.plot(<2>)
plt.title('model accuracy')
plt.ylabel('accuracy')
plt.xlabel('epoch')
plt.legend(['train', 'test'], loc='upper left')
plt.show( )
```

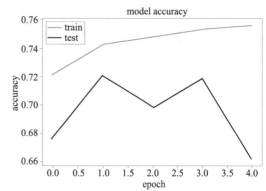

运行代码，若绘制结果类似右图，则说明填写正确。

步骤6 模型保存。

```
train_model.save("models/model.h5")
```

步骤7 模型验证。使用验证集验证模型，查看图像彩色化效果。

函数说明

numpy.concatenate((a1, a2, ...), axis=0, out=None)

功能：沿着axis轴拼接序列。

参数说明：

- a1, a2, ...：待拼接的序列数据，所有序列的shape必须一致。
- axis：指定连接的轴，默认为0。
- out：拼接后的数据。

lab_to_rgb(lab)

功能：将图像数据从Lab颜色空间转换到RGB颜色空间。

参数说明：

- lab：Lab颜色空间的图像数据。

```python
plt.figure(figsize=(10, 10))
for image_batch, label_batch in val_ds.take(1):
    predictions = train_model.predict(image_batch, verbose=1)
    for i in range(0, 6, 2):
        predicted_img = np.concatenate((image_batch[i], predictions[i]), axis=2)
        predicted_img = utils.lab_to_rgb(predicted_img).numpy()
        original_img = np.concatenate((image_batch[i], label_batch[i]), axis=2)
        original_img = utils.lab_to_rgb(original_img).numpy()
        plt.subplot(4, 2, i + 1)
        plt.imshow(predicted_img)
        plt.title(i)
        plt.axis("off")
        plt.subplot(4, 2, i + 2)
        plt.imshow(original_img)
        plt.title(i)
        plt.axis("off")
```

5. 测试模型

定义一个函数，实现输入一个图像，对图像进行彩色化并显示结果。

```python
def predict_and_show(image_path):
    image_to_predict_lab = utils.get_l_ab_channels(image_path)
    image_to_predict = tf.expand_dims(image_to_predict_lab[0], 0)
    prediction = train_model.predict(image_to_predict, verbose=1)[0]
    original_img = np.concatenate((image_to_predict_lab[0], image_to_predict_lab[1]), axis=2)
    original_img = utils.lab_to_rgb(original_img).numpy()
    predicted_img = np.concatenate((image_to_predict[0], prediction), axis=2)
    predicted_img = utils.lab_to_rgb(predicted_img).numpy()
    plt.figure(figsize=(10, 10))
```

```
    plt.subplot(1, 2, 1)
    plt.imshow(original_img)
    plt.title("Original")
    plt.axis("off")
    plt.subplot(1, 2, 2)
    plt.imshow(predicted_img)
    plt.title("Predicted")
    plt.axis("off")
predict_and_show("data/test/test.jpg")
```

任务小结 ◂

本任务的主要内容是使用TensorFlow搭建神经网络模型，并训练图像彩色化模型，最后对训练好的模型进行图像彩色化测试。

通过本任务的学习，读者可对图像彩色化的基本知识和概念有更深入的了解，在实践中逐渐熟悉TensorFlow搭建和训练神经网络模型的基础操作方法。该任务相关的知识技能小结的思维导图如图3-1-5所示。

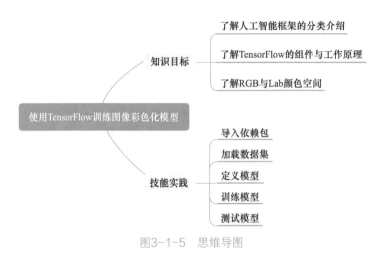

图3-1-5　思维导图

任务2　TensorFlow模型转换为RKNN模型并进行预测

◎ **知识目标**

- 了解RKNN接口的特性。
- 了解RKNN组件的使用方法。
- 了解边缘端模型部署的方法。

能力目标

- 能够搭建模型转换环境。
- 能够将TensorFlow模型转成RKNN模型。
- 能够使用RKNN模型进行预测。
- 能够将RKNN模型部署到AI边缘开发板。

素质目标

- 具有理解倾听的能力。
- 具有寻找多种解决问题途径的能力。

任务描述与要求 ◀

任务描述:

本任务要求使用RKNN-Toolkit将TensorFlow模型转换成RKNN模型后进行推理,并将模型部署到开发板。

任务要求:

- 将TensorFlow模型转换成RKNN模型。
- 使用RKNN模型进行推理。
- 将RKNN模型部署到开发板上。

任务分析与计划 ◀

根据所学相关知识,制订完成本任务的实施计划,见表3-2-1。

表3-2-1　任务计划

项目名称	TensorFlow图像上色模型部署
任务名称	TensorFlow模型转换为RKNN模型并进行预测
计划方式	自主设计
计划要求	请用5个计划步骤来完整描述出如何完成本任务
序　号	任务计划
1	
2	
3	
4	
5	

在本任务的知识储备中主要介绍：

1）RKNN简介。

2）模型转换与部署。

3）TensorFlow模型转换为RKNN模型的意义。

RKNN

1. RKNN简介

RKNN是RockchipNPU平台使用的模型类型，是以RKNN后缀结尾的模型文件。Rockchip提供了完整的模型转换Python工具，方便用户将自主研发的算法模型转换成RKNN模型。同时，Rockchip也提供了C/C++和Python API接口。

RKNN-Toolkit是为用户提供的在PC、RockchipNPU平台上进行模型转换、推理和性能评估的开发套件。用户通过该工具提供的Python接口可以便捷地完成以下功能：

● 模型转换：支持Caffe、TensorFlow、TensorFlowLite、ONNX、Darknet、Pytorch、MXNet模型转换为RKNN模型，支持RKNN模型导入/导出，后续能够在RockchipNPU平台上加载使用。RKNN-Toolkit从1.2.0版本开始支持多输入模型，从1.3.0版本开始支持Pytorch和MXNet。

● 量化功能：支持将浮点模型转换成量化模型，目前支持的量化方法有非对称量化、动态定点量化。从1.0.0版本开始，RKNN-Toolkit开始支持混合量化功能。

● 模型推理：能够在PC上模拟RockchipNPU运行RKNN模型并获取推理结果，也可以将RKNN模型分发到指定的NPU设备上进行推理。

● 性能评估：能够在PC上模拟RockchipNPU运行RKNN模型，并评估模型性能（包括总耗时和每一层的耗时）；也可以将RKNN模型分发到指定NPU设备上运行，以评估模型在实际设备上运行时的性能。

● 内存评估：评估模型运行时对系统和NPU内存的消耗情况。使用该功能时，必须将RKNN模型分发到NPU设备中运行，并调用相关接口获取内存使用信息。从0.9.9版本开始，RKNN-Toolkit支持该功能。

● 模型预编译：通过预编译技术生成的RKNN模型可以减少在硬件平台上的加载时间。对于部分模型，还可以减少模型尺寸。但是预编译后的RKNN模型只能在NPU设备上运行。目前只有x86_64Ubuntu平台支持直接从原始模型生成预编译RKNN模型。RKNN-Toolkit从0.9.5版本开始支持模型预编译功能，并在1.0.0版本中对预编译方法进行了升级，升级后的预编译模型无法与旧驱动兼容。从1.4.0版本开始，RKNN-Toolkit也可以通过NPU设备将普通RKNN模型转换成预编译RKNN模型。

● 模型分段：该功能用于多模型同时运行的场景下，可以将单个模型分成多段在NPU上执行，借此来调节多个模型占用NPU的执行时间，避免因为一个模型占用太多的执行时间而使其他模型得不到及时执行。RKNN-Toolkit从1.2.0版本开始支持该功能。该功能必须在带有RockchipNPU的硬件上使用，且NPU的驱动版要大于0.9.8。

● 自定义算子功能：如果模型含有RKNN-Toolkit不支持的算子，那么在模型转换阶段就会失败。这时候可以使用自定义算子功能来添加不支持的算子，从而使模型能正常转换和运行。RKNN-Toolkit从1.2.0版本开始支持该功能。

● 量化精度分析功能：该功能将给出模型量化前后每一层推理结果的欧氏距离或余弦距离，以分析量化误差是如何出现的，为提高量化模型的精度提供思路。该功能从1.3.0版本开始支持。1.4.0版本增加了逐层量化精度分析子功能，将每一层运行时的输入指定为正确的浮点值，以排除逐层误差积累，能够更准确地反映每一层自身受量化的影响。

● 可视化功能：该功能以图形界面的形式呈现RKNN-Toolkit的各项功能，简化用户操作步骤。用户可以通过填写表单、单击功能按钮的形式完成模型的转换和推理等功能，而不需要去手动编写脚本。1.3.0版本开始，RKNN-Toolkit支持该功能，1.4.0版本完善了对多输入模型的支持，并且支持RK1806、RV1109、RV1126等新的RockchipNPU设备。

● 模型优化等级功能：RKNN-Toolkit在模型转换过程中会对模型进行优化，默认的优化选项可能会对模型精度产生一些影响。设置优化等级，可以关闭部分或全部优化选项。有关优化等级的具体使用方法请参考config接口中optimization_level参数的说明。该功能从1.3.0版本开始支持。

● 模型加密功能：使用指定的加密等级将RKNN模型整体加密。RKNN-Toolkit从1.6.0版本开始支持模型加密功能。RKNN模型的加密是在NPU驱动中完成的。使用加密模型时，与普通RKNN模型一样加载即可，NPU驱动会自动对其进行解密。

RKNN-Toolkit是一个跨平台的开发套件，1.7.1版本已支持的操作系统如下：

● Ubuntu：16.04（x64）及以上。

● Windows：7（x64）及以上。

● Mac OS：10.13.5（x64）及以上。

● Debian：9.8（aarch64）及以上。

2. 模型转换与部署

模型转换是为了模型能在不同的框架间流转。在实际应用时，模型转换几乎都用于工业部署，负责模型从训练框架到部署侧推理框架的连接。这是因为随着深度学习应用和技术的演进，训练框架和推理框架的职能已经逐渐分化。分布式、自动求导、混合精度等训练框架往往围绕着易用性，面向设计算法的研究员，以研究员能更快地生产高性能模型为目标。硬件指令集、预编译优化、量化算法等推理框架往往围绕着硬件平台的极致优化加速，面向工业落地，以模型能更快执行为目标。由于职能和侧重点不同，没有一个深度学习框架能面面俱到，完全统一训练侧和推理侧，而模型在各个框架内部的表示方式又千差万别，因此模型转换就被广泛需要了。

目前应用广泛的训练框架PyTorch及商汤自研的训练框架SenseParrots使用的都是动态图，这是由于动态图的表达形式更易于用户快速实现并迭代算法。动态图框架会逐条解释、逐条执行模型代码来运行模型，而计算图生成的本质是把动态图模型静态表达出来。PyTorch的torchscript、ONNX、fx模块都是基于模型静态表达来开发的。目前常见的建立模型静态表达的方法有以下3种：

● 代码语义分析：通过分析用户代码来解析模型结构，建立模型静态表达。

● 模型对象分析：通过模型对象中包含的成员变量来确定模型算子组成，建立模型静态表达。

● 模型运行追踪：运行模型并记录过程中的算子信息、数据流动，建立模型静态表达。

上面这3种方法在适用范围、静态抽象能力等方面各有优劣。目前，训练框架主要使用模型运行追踪的方式来生成计算图：在模型推理的过程中，框架会记录执行算子的类型、输入/输出、超参、参数等算子信息，最后把推理过程中得到的算子节点信息和模型信息结合，得到最终的静态计算图。

模型转换时往往将模型转换到一种中间格式，再由推理框架读取中间格式。目前主流的中间格式有 caffe和ONNX（Open Neural Network Exchange），两者底层都是基于protobuf（Google开发的跨平台协议数据交换格式工具库）实现的。caffe原本是一个经典的深度学习框架，不过由于出现较早且不再维护，已经少有人用它做训练和推理了。但是它的模型表达方式却保留了下来，作为中间格式在工业界被广泛使用。ONNX是各大AI公司牵头共同开发的一个中间表达格式，用于模型格式交换，目前在社区非常活跃，处于不断更新完善的阶段。

由于caffe出现得较早，在使用上对硬件部署侧比较友好（原生算子列表在推理侧容易实现，而且 caffe使用caffe.proto作为模型格式数据结构的定义，能实现中心化、多对一），因此目前的很多推理侧硬件厂商依然使用caffe，很多端到端的业务解决方案也喜欢使用caffe。而ONNX有丰富的表达能力、扩展性和活跃的社区，深受训练侧开发者、第三方工具开发者的喜爱，PyTorch早已将ONNX作为官方导出格式进行支持。

3. TensorFlow模型转换为RKNN模型的意义

将TensorFlow模型转换成RKNN目标模型的意义在于与AI边缘计算终端结合。将RKNN模型部署到终端上，利用AI边缘终端的高速NPU处理能力来进行推理，进而实现实际场景化的应用。

真实场景中，可以利用高算力设备实现图像彩色化实时运行，在医疗、遥感、航天等各个领域可以实时观测彩色化的图像，增强其可视化效果，增强信息量。卫星遥感图如图3-2-1所示。

图3-2-1 卫星遥感图

要完成本任务，可以将实施步骤分成以下4步：

1）TensorFlow模型转换为RKNN模型。

2）运行RKNN模型。

3）预编译RKNN模型。

4）部署到AI边缘开发板。

1. TensorFlow模型转换为RKNN模型

步骤1 导入依赖包。

```
import os
import sys
import numpy as np
from RKNN.api import RKNN
```

步骤2 实例化RKNN对象。

函数说明

$$RKNN = RKNN(verbose=True, verbose\_file=None)$$

功能：初始化RKNN SDK环境。

参数说明：

- verbose：是否要在屏幕上打印详细日志信息；默认为False，表示不打印。

- verbose_file：如果verbose参数值为 True，那么调试信息转储到指定文件路径，默认为None。

动手练习❶

请根据提示补充代码。

- 请在<1>处填入相关代码，初始化RKNN SDK环境，并在屏幕上打印详细日志信息。

```
RKNN = <1>
print(type(RKNN),RKNN.verbose)
```

执行以上代码，若输出为<class 'RKNN.api.RKNN.RKNN'> True，则说明填写正确。

步骤3 设置模型预处理参数。

函数说明

```
RKNN.config(reorder_channel = '0 1 2',mean_values = [[0, 0, 0]],std_values = [[255, 255, 255]],optimization_level =
          3,target_platform = 'rk3399pro',output_optimize = 1,quantize_input_node = True)
```

功能：调用config接口设置模型的预处理参数。

参数说明：

- 返回值：0表示设置成功，-1表示设置失败。

- 主要参数：

- reorder_channel：表示是否需要对图像通道顺序进行调整。

- mean_values：输入的均值。

- std_values：输入的"归一化"值。

- optimization_level：模型优化等级。

● target_platform：指定RKNN模型是基于哪个目标芯片平台生成的。目前支持RK1806、RK1808、RK3399Pro、RV1109和 RV1126。该参数的值大小写不敏感。

● output_optimize：优化获取输出时间，默认为0。

● quantize_input_node: 开启后无论模型是否量化，均强制对模型的输入节点进行量化。

⌨ 动手练习❷ ▽

请根据提示补充代码。

● 请在<1>处填写代码，设置模型预处理参数，输入均值为[[-1]]，输入的归一化值为[[50]]，图像通道顺序为0 1 2, 目标平台为RK3399Pro，优化获取输出时间为1。

```
ret = <>
print(ret)
```

执行以上代码，若输出为0，则说明填写正确。

步骤4 加载原始模型。调用load_keras接口，加载原始的h5模型。

🌐 函数说明

```
ret = RKNN.load_keras(model, convert_engine='Keras')
```

功能：加载h5模型。

返回值：0表示导入成功，-1表示导入失败。

参数说明：

● model：h5模型文件（.h5为扩展名）所在的路径。

● convert_engine：按顺序使用指定引擎转换，支持引擎包含[Keras, TFLite]，默认为Keras。

```
ret = RKNN.load_keras(model='./models/model.h5')
print(ret)
```

步骤5 构建RKNN模型。调用build接口，依照加载的模型结构及权重数据构建对应的RKNN模型。

🌐 函数说明

```
ret = RKNN.build(do_quantization=True,dataset,pre_compile=False, RKNN_batch_size=1)
```

功能：构建RKNN模型。

返回值：0表示构建成功，-1表示构建失败。

参数说明：

● do_quantization：是否对模型进行量化，值为True或False。

● dataset：量化校正数据的数据集。目前支持文本文件格式。

● pre_compile：模型预编译开关，如果设置成True，则可以减小模型大小及模型在硬件设备上的首次启动速度。如果打开这个开关后构建出来的模型只能在硬件平台上运行，那么无法通过模拟器进行推理或性能评估。如果硬件有更新，则对应的模型要重新构建。

● RKNN_batch_size：模型的输入 Batch 参数调整，默认值为 1。

⌨ 动手练习❸

请根据提示补充代码。

● 请在<1>处填写代码，构建RKNN模型，在构建过程中不对模型进行量化，也不需要预编译。

ret = <>
print(ret)

完成填写后运行代码，若输出为0，则说明填写正确。

步骤6 导出RKNN模型。

🌐 函数说明

ret = RKNN.export_RKNN(export_path)

功能：导出RKNN模型。

返回值：0表示导出成功，-1表示导出失败。

参数说明：

● export_path：导出模型文件的路径。

⌨ 动手练习❹

请根据提示补充代码。

● 请在<1>处填充代码，导出RKNN模型为quantization/model.RKNN。

ret = <>
RKNN.release( )
print(ret)

完成填写后运行代码，若输出为0，则说明填写正确。

2. 运行RKNN模型

步骤1 创建RKNN对象。初始化RKNN SDK环境。

RKNN = RKNN(verbose=True)

步骤2 加载RKNN模型。

🌐 函数说明

RKNN.load_RKNN(path, load_model_in_npu=False)

功能：加载RKNN模型。

返回值：0表示加载成功，-1表示加载失败。

参数说明：

● path:：RKNN模型文件路径。

● load_model_in_npu：是否直接加载NPU中的RKNN模型。其中，path为RKNN模型在NPU中的路径。只有当RKNN-Toolkit运行在RK3399Pro Linux开发板或连有NPU设备的PC上时才可以设为True。默认值为False。

```
ret = RKNN.load_RKNN('./quantization/model.RKNN')
print(ret)
```

步骤3 初始化运行时环境。

🌐 **函数说明**

```
ret = RKNN.init_runtime(target=None, device_id=None, perf_debug=False, eval_mem=False, async_mode=False)
```

功能：初始化运行时环境。

返回值：0表示初始化运行时环境成功，-1表示失败。

参数说明：

● target：目标硬件平台，目前支持RK3399Pro、RK1806、RK1808、RV1109、RV1126。如果在开发板上直接运行，那么通常不写。在RK3399Pro开发板上运行时，模型在自带的NPU上运行，否则在设定的 target上运行。

● device_id：设备编号，PC连接多台设备需要指定该参数，设备编号可以通过list_devices接口查看。如果是在开发板上运行，那么通常不写。

● perf_debug：进行性能评估时是否开启 debug模式。在debug模式下，可以获取到每一层的运行时间，否则只能获取模型运行的总时间。

● eval_mem: 是否进入内存评估模式。进入内存评估模式后，可以调用eval_memory接口获取模型运行时的内存使用情况。默认值为False。

● async_mode：是否使用异步模式。

```
ret = RKNN.init_runtime()
print(ret)
```

步骤4 模型推理，模型性能评估，获取内存使用情况。其中，比较常用到的就是模型推理。因为在现实当中，更需要的是模型推理出来的结果，比如目标检测的结果类别是什么、在图片上的位置信息等。

（1）模型推理

模型推理指对当前模型进行推理，返回推理结果。推理结果只是一个numpy数组列表，该列表还需要进一步分析，才能得到相对应的现实结果。

如果RKNN-Toolkit运行在PC上，且初始化运行环境时设置target为Rockchip NPU设备，那么得到的是模型在硬件平台上的推理结果。

如果RKNN-Toolkit运行在PC上，且初始化运行环境时没有设置target，那么得到的是模型在模拟器上的推理结果。模拟器可以模拟哪款芯片，取决于RKNN模型的target参数值。

如果RKNN-Toolkit运行在RK3399Pro Linux开发板上，那么得到的是模型在实际硬件上的推理结果。

🌐 **函数说明**

```
results = RKNN.inference(inputs=[img])
```

功能：模型推理。

返回值：results为推理结果，类型是ndarray list。

参数说明：

● inputs：待推理的图片。

定义一个函数，用于将TensorFlow的tensor类型转换成numpy array类型。

```
import utils
import matplotlib.pyplot as plt
import tensorflow as tf
def tensor2numpy(data):
    sess = tf.compat.v1.Session()
    sess.run(tf.compat.v1.global_variables_initializer())
    data_numpy = data.eval(session=sess)
    return data_numpy
```

定义一个函数，实现读取图片数据并使用RKNN模型进行预测及展示。

⌨ 动手练习❺

● 请在<1>处使用RKNN.inference对图片进行预测。

● 请在<2>处从results中提取图片预测的结果。

● 请在<3>处使用np.concatenate将原图片L通道的数据和图片预测的结果进行拼接。

● 请在<4>处使用utils.lab_to_rgb将拼接后的图片由Lab颜色空间格式转换为RGB颜色空间格式并转换为numpy array类型，用于后续显示。

```
def predict_and_show(image_path):
    image_to_predict_lab = utils.get_l_ab_channels(image_path)
    image_to_predict = tf.expand_dims(image_to_predict_lab[0], 0)
    image_pre = tensor2numpy(image_to_predict)
    results = <1>
    prediction = <2>
    predicted_img = <3>
    predicted_img = <4>
    original_img = np.concatenate((tensor2numpy(image_to_predict_lab[0]), tensor2numpy(image_to_predict_
lab[1])), axis=2)
    original_img = tensor2numpy(utils.lab_to_rgb(original_img))
    plt.figure(figsize=(10, 10))
    plt.subplot(1, 2, 1)
    plt.imshow(original_img)
    plt.title("Original")
    plt.axis("off")
    plt.subplot(1, 2, 2)
    plt.imshow(predicted_img)
    plt.title("Predicted")
    plt.axis("off")
predict_and_show("data/test/test.jpg")
```

执行代码，若能对图片进行预测并显示结果，则说明填写正确。

（2）模型性能评估

通过评估模型性能，人们可决定是否采用这个模型。当然，在不同的平台上，评估模型性能的结果也是不一样的。比如：

模型运行在PC上，初始化运行环境时不指定target，得到的是模型在模拟器上运行的性能数据，包含逐层的运行时间及模型完整运行一次需要的时间。模拟器可以模拟RK1808，也可以模拟RV1126，具体模拟哪款芯片，取决于RKNN模型的target_platform参数值。

模型运行在与PC连接的Rockchip NPU上，且初始化运行环境时设置perf_debug为False，则获得的是模型在硬件上运行的总时间；如果设置perf_debug为True，那么除了返回总时间外，还将返回每一层的耗时情况。

模型运行在RK3399Pro Linux开发板上时，如果初始化运行环境时设置perf_debug为False，那么获得的也是模型在硬件上运行的总时间；如果设置perf_debug为True，那么返回总时间及每一层的耗时情况。

🌐 函数说明

```
performance_result = RKNN.eval_perf(inputs=[img], is_print=True)
```

功能：评估模型性能。

返回值：返回一个字典类型的评估结果。

参数说明：

● inputs：类型为ndarray list的输入，在1.3.1之后的版本是非必需的。

● is_print：是否格式化打印结果。

```
image_to_predict_lab = utils.get_l_ab_channels("data/test/test.jpg")
image_to_predict = tf.expand_dims(image_to_predict_lab[0], 0)
image_pre = tensor2numpy(image_to_predict)
# results = RKNN.inference(inputs=image_pre)
performance_result = RKNN.eval_perf(inputs=image_pre, is_print=True)
print(performance_result)
RKNN.release()
```

（3）获取内存使用情况

🌐 函数说明

```
RKNN.eval_memory(is_print=True)
```

功能：获取模型在硬件平台运行时的内存使用情况。

返回值：返回memory_detail内存使用情况，类型为字典。

参数说明：

● is_print：是否以规范格式打印内存使用情况。默认值为 True。

```
memory_detail = RKNN.eval_memory(is_print=True)
print(memory_detail)
# 释放RKNN对象
RKNN.release()
```

3. 预编译RKNN模型

（1）离线预编译

构建RKNN模型时，可以指定预编译选项以导出预编译模型，这被称为离线预编译。离线预编译在之前介绍过，就是在转换模型的时候，在构建模型的接口上添加参数pre_compile=True。在使用预编译的时候，应重启内核，避免缓存干扰。

```
import os
import sys
import numpy as np
from RKNN.api import RKNN
RKNN = RKNN(verbose=True)
ret = RKNN.config(mean_values=[[-1]], std_values=[[50]],reorder_channel='0 1 2', target_platform='rk3399pro', output_optimize=1)
ret = RKNN.load_keras(model='./models/model.h5')
ret = RKNN.build(do_quantization=True, dataset='./quantization/dataset_quantization.txt', pre_compile=True)
ret = RKNN.export_RKNN('./quantization/model_precompile.RKNN')
RKNN.release()
```

（2）在线预编译

同样，RKNN-Toolkit也提供在线编译的接口：export_RKNN_precompile_model。使用该接口，可以将普通RKNN模型转换成预编译模型，但这个模型需要硬件的配合。

🔅 **注意**

● 使用该接口前必须先调用load_RKNN接口来加载普通RKNN模型。

● 使用该接口前必须调用init_runtime接口初始化模型运行环境，target必须是RK NPU设备，不能是模拟器，而且要设置参数为True。

🌐 **函数说明**

```
ret = RKNN.export_RKNN_precompile_model(export_path)
```

功能：在线预编译模型。

返回值：0表示成功，-1表示失败。

参数说明：

● export_path: 导出模型路径。必填参数。

```
from RKNN.api import RKNN
RKNN = RKNN()
ret = RKNN.load_RKNN('./quantization/model.RKNN')
ret = RKNN.init_runtime(target='rk3399pro', RKNN2precompile=True)
ret = RKNN.export_RKNN_precompile_model('./quantization/model_precompile.RKNN')
RKNN.release()
```

4. 部署到AI边缘开发板

为了提高模型的加载速度，建议采用预编译后的模型，并部署到开发板当中。

部署步骤如下：

1）将模型、预测脚本（RKNN_demo.py）以及要测试的图片下载到本地。

2）在AI边缘开发板上创建一个项目目录（比如test_RKNN）。

```
sudo mkdir test_RKNN
```

3）修改RKNN_demo.py脚本中的模型路径、需要检测的图片路径为开发板上对应的路径。

4）将模型预测脚本、测试图片上传到开发板项目目录中，在终端切换到项目根目录并运行以下命令。

```
sudo python3 RKNN_demo.py
```

任务小结

本任务的主要内容是使用RKNN-Toolkit工具将TensorFlow模型转换为RKNN模型，接着使用RKNN模型进行推理测试，最后将RKNN模型部署到AI边缘开发板并运行。

通过本任务的学习，读者可对TensorFlow模型转换为RKNN模型并进行预测的基本知识和概念有更深入的了解，在实践中逐渐熟悉将TensorFlow模型转换为RKNN模型的操作方法。该任务相关的知识技能小结的思维导图如图3-2-2所示。

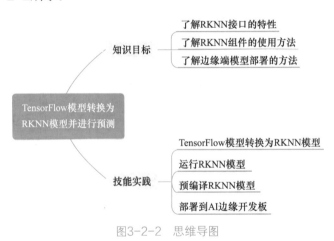

图3-2-2　思维导图

项目④

PyTorch目标检测模型部署

引 导案例

计算机视觉技术是人工智能的基础应用技术之一，通过利用计算机技术模拟人类的视觉系统，赋予机器"看"和"认知"的功能。计算机视觉技术是机器认知世界的基础，其与语音识别、自然语言处理等技术共同构成机器的感知智能，让机器自行完成对外部世界的探测，做出判断并采取行动，让更复杂层面的指挥决策和自主行动成为可能。

近年来，计算机视觉行业受到各级政府的高度重视和国家产业政策的重点支持。国家陆续出台了多项政策支持计算机视觉行业的发展，为计算机视觉行业的健康发展提供了良好的政策环境。2021年颁布的《"十四五"智能制造发展规划》中提出，政府将大力发展智能制造设备，针对感知、控制、决策、执行等环节的短板弱项，加强用产学研联合创新，突破一批"卡脖子"基础零部件和装置。

计算机视觉中的目标检测，因其在真实世界的大量应用需求而被研究学者广泛关注。目标检测结合了目标定位与目标分类两大任务（如图4-0-1所示），被广泛应用于人脸识别、自动驾驶、智能监控等计算机视觉领域，为图像和视频的高级语义理解提供有价值的信息。

随着计算机科学技术的发展，基于深度卷积神经网络的特征提取技术被广泛应用于计算机视觉任务中，目标检测完成了从基于传统手工设计特征的检测方法到基于卷积神经网络的深度学习方法的变迁，随后基于卷积神经网络的目标检测算法迅速成为图像处理领域研究的主流。

本项目通过3个任务向读者介绍基于PyTorch的YOLOv5模型训练及转换、ONNX模型文件转换为RKNN模型文件、基于YOLOv5的实时检测模型部署。通过上述3个任务的学习，读者可以了解到用PyTorch框架进行YOLOv5模型训练，并将训练好的模型转换为RKNN模型，最后通过多线程进行实时目标检测。

图4-0-1　目标定位与目标分类

任务1　使用YOLOv5实现模型训练及转换

知识目标

- 了解目标检测原理。
- 了解PyTorch框架。
- 了解COCO数据集。

能力目标

- 能够搭建YOLOv5项目环境。
- 能够使用YOLOv5进行模型训练和推理。
- 能够将PyTorch模型文件转换为ONNX模型文件。

素质目标

- 具有认真严谨的工作态度。
- 具有良好的职业道德精神。

任务描述与要求 ◀

任务描述：

本任务要求基于开源项目YOLOv5进行模型微调训练和模型推理，并将PyTorch模型文件转换为ONNX模型文件。

任务要求：

- 使用train.py脚本进行模型训练。

- 使用detect.py脚本进行模型推理。
- 使用export.py脚本将PyTorch格式模型文件转换为ONNX格式模型文件。

任务分析与计划 ◀

根据所学相关知识，制订完成本任务的实施计划，见表4-1-1。

表4-1-1　任务计划

项目名称	PyTorch目标检测模型部署	
任务名称	使用YOLOv5实现模型训练及转换	
计划方式	自我设计	
计划要求	请用4个计划步骤来完整描述出如何完成本任务	
序　号	任务计划	
1		
2		
3		
4		

知识储备 ◀

在本任务的知识储备中主要介绍：

- 目标检测简介。
- PyTorch与YOLOv5简介。
- COCO数据集。

COCO数据集

1. 目标检测简介

（1）目标检测

目标检测（Object Detection）技术的研究一直以来都是计算机视觉（Computer Vision，CV）领域中最基本、最具有挑战性的研究课题之一。众所周知，目标检测其实就是通过研究获取一套计算模型及技术，提供计算机视觉应用程序工作时需要的最基本也是最重要的信息——什么位置的什么物体。也就是说，在获取到一张图片或者视频信息时，找出图片中感兴趣的物体，并完成两个任务，即分类（Classification）和定位（Localization），最终确定物体的类别和位置，如图4-1-1所示。分类任务就是在获取到图片时，判断图片中是否包含有符合需求类别的物体，如果有则输出一系列带有置信度分数的标签，以指示目标物体存在于输入图像中的概率。目标定位任务的作用则主要是确定输入图片中目标类别所在的位置以及范围大小，输出物体的包围框。它是构成实例分割（Instance Segmentation）、行为识别（Action Recognition）、图像描述生成（Image Captioning）、目标跟踪（Object Tracking）等其他计算机视觉任务的基础。尤其是近年来，随着互联网技术、人工智能技术的发展，硬件设备的升级更新，以及自动驾驶、人脸检测、视频监控等的需求不断多样化和丰富化，吸引了越来越多的研究者和研究机构投入目标检测的研究热潮中。

图4-1-1　目标检测

（2）目标检测方法

计算机视觉在学术研究领域公认的三大顶级国际会议，即IEEE Conference on Computer Vision and Pattern Recognition（CVPR）、IEEE International Conference on Computer Vision（ICCV）和European Conference on Computer Vision（ECCV），有关目标检测的研究报告数量仍在继续增加。除此之外，还有顶级国际期刊*Transactions of Pattern Analysis and Machine Intelligence*（TPAMI）、*International Journal of Computer Vision*（IJCV）等计算机视觉期刊及其他相关期刊目标检测的论文也如雨后春笋般大量涌现。这充分地向我们证明了一点—— 目标检测方向的研究在人工智能发展如火如荼的今天，更是起到了不可或缺的作用，对助力人工智能大方向的发展起到了催化剂和推动剂的作用。

除此之外，目标检测技术在工业领域中也得到了广泛应用。

1）在智能交通研究方面，自动驾驶可谓人尽皆知。在此项研究中，自动驾驶的车辆对周围环境的感知要做到实时、准确，就需要在自动驾驶的系统中部署多种传感设备，其中作为"眼睛"的摄像头捕获周围的行人、车辆、交通信号灯以及其他交通指示等，而后进行识别，为无人驾驶保驾护航。

2）疫情防控期间，随处可见的基于目标检测的红外热像仪也离不开目标检测技术的加持。给疫情防控工作带来了很大的便利，保证了公共安全。

3）在智慧医疗领域，目标检测技术能够对患者的病变细胞进行检测，有助于辅助医护人员监控治疗过程，并减少医护人员的工作量，促进医疗资源合理配置。

4）在军事战争的许多环节，目标检测都发挥出巨大的优势，如预警探测、军事制导、战场侦察等方面。

5）日常生活中，目标检测技术也扮演着重要的角色。例如超市自助付款过程中，在将所有物品扫码后置于物品台，相机能够检测和记录所有的信息，与扫描商品进行信息对比，无误后方可付款。

近几年来，目标检测算法取得了很大的突破。随着卷积神经网络的广泛使用，许多目标检测算法已与卷积神经网络结合起来。根据目标检测算法的工作流程，可以将目标检测算法分为双步（Two Stage）法和单步（One Stage）法。

双步法如图4-1-2所示，可以确定那些更有可能出现目标的位置，然后有针对性地用CNN进行检测，通过启发式方法或CNN网络产生一系列稀疏的候选框（Region Proposal），之后对这些候选框进行分类或者回归。双步法的优势是准确度高，但是运行速度较慢。双步法的代表算法有R-CNN、Fast R-CNN、Faster R-CNN等。

单步法如图4-1-3所示，可以均匀地在图片的不同位置进行密集抽样，利用CNN提取特征后，直接在提取的特征上进行分类或者回归，整个过程只需要一步。所以单步法的优势是速度快，但是模型精确度相对较低。单步法的代表算法有YOLO和SSD等。目前广泛应用于目标检测的算法是基于YOLO目标检测算法的YOLOv5和YOLOX。

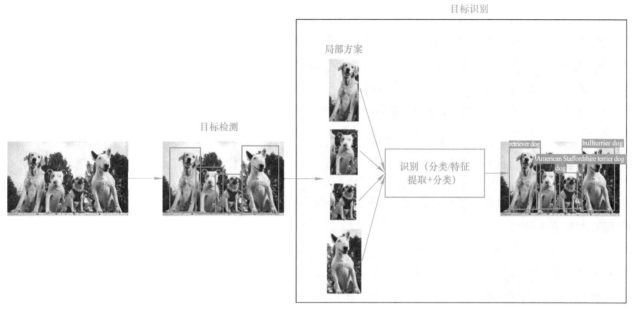

图4-1-2　双步法

图4-1-3　单步法

2. PyTorch与YOLOv5简介

（1）PyTorch简介

PyTorch是一个基于Torch的Python开源机器学习库，用于自然语言处理等应用程序，不仅能够实现强大的GPU加速，同时还支持动态神经网络。

Torch是一个由大量机器学习算法支持的科学计算框架，其诞生已有十年之久，但是其真正起势得益于Facebook开源了大量Torch的深度学习模块和扩展。

Torch的特点在于特别灵活，是以Lua为编程语言的框架。

PyTorch提供了两个高级功能：

1）具有强大的GPU加速的张量计算（如Numpy）。

2）包含自动求导系统的深度神经网络。

（2）为什么选择PyTorch

1）简洁。PyTorch的设计追求最少的封装，尽量避免重复造轮子。不像TensorFlow中充斥着

Session、Graph、Operation、Name_scope、Variable、Tensor、Layer等全新的概念，PyTorch的设计遵循Tensor→Variable（Autograd）→nn.Module这3个由低到高的抽象层次，分别代表高维数组（张量）、自动求导（变量）和神经网络（层/模块），而且这3个抽象层次之间联系紧密，可以同时进行修改和操作。简洁的设计带来的另外一个好处就是代码易于理解。PyTorch的源码只有TensorFlow的十分之一左右，更少的抽象、更直观的设计使得PyTorch的源码十分易于阅读。

2）速度快。PyTorch的灵活性不以速度为代价。在许多评测中，PyTorch的速度表现胜过TensorFlow和Keras等框架。框架的运行速度和程序员的编码水平有极大关系，但同样的算法，使用PyTorch实现的那个更有可能快过用其他框架实现的。

3）易用。PyTorch是所有的框架中面向对象设计的最优雅的一个。PyTorch的面向对象的接口设计来源于Torch，而Torch的接口设计以灵活易用而著称，Keras作者最初就是受Torch的启发才开发了Keras。PyTorch继承了Torch的特性，尤其是API的设计和模块的接口都与Torch高度一致。PyTorch的设计最符合人们的思维，它让用户尽可能地专注于实现自己的想法，即所思即所得，不需要考虑太多关于框架本身的束缚。

4）活跃的社区。PyTorch提供了完整的文档、循序渐进的指南，作者亲自维护论坛，以供用户交流和求教问题。Facebook人工智能研究院对PyTorch提供了强力支持，作为当今排名前三的深度学习研究机构，FAIR的支持足以确保PyTorch获得持续的开发更新，不至于像许多由个人开发的框架那样昙花一现。

（3）YOLOv5简介

YOLO是"You only look once"的首字母缩略词，是一种将图像划分为网格系统的对象检测算法。网格中的每个单元格都负责检测自身内部的对象。YOLO是最著名的对象检测算法之一，主要是因为它的速度和精度。YOLOv5是COCO数据集中预先训练的对象检测架构和模型系列，代表未来视觉AI方法，将经验教训和经过数千小时研发的最佳实践相结合。

YOLOv4出现之后不久，YOLOv5横空出世。YOLOv5在YOLOv4算法的基础上做了进一步的改进，检测性能得到进一步的提升。虽然YOLOv5算法并没有与YOLOv4算法进行性能比较与分析，但是YOLOv5在COCO数据集上面的测试效果还是挺不错的。大家对YOLOv5算法的创新性半信半疑，有的人对其持肯定态度，有的人对其持否定态度。实际上，YOLOv5检测算法中还是存在很多可以学习的地方，虽然这些改进思路看起来比较简单或者创新点不足，但是它们可以提升检测算法的性能。其实工业界往往更喜欢使用这些方法，而不是利用一个超级复杂的算法来获得较高的检测精度。YOLO的发展历程如图4-1-4所示。

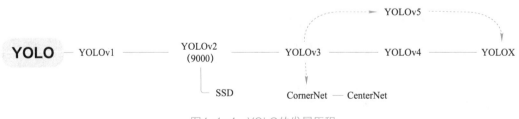

图4-1-4　YOLO的发展历程

YOLOv5是一种单阶段目标检测算法，该算法在YOLOv4的基础上添加了一些新的改进思路，使其速度与精度都得到了极大的性能提升。YOLOv5主要的改进思路如下。

输入端：在模型训练阶段提出了一些改进思路，主要包括Mosaic数据增强、自适应锚框计算、自适应图片缩放。

基准网络：融合其他检测算法中的一些新思路，主要包括Focus结构与CSP结构。

Neck网络：目标检测网络在BackBone与最后的Head输出层之间往往会插入一些层，YOLOv5中添加了FPN+PAN结构。

Head输出层：输出层的锚框机制与YOLOv4相同，主要改进的是训练时的损失函数GIOU_Loss及预测框筛选的函数DIOU_nms。

YOLOv5官方代码中一共给出了4个版本，分别是YOLOv5s、YOLOv5m、YOLOv5l、YOLO5x，如图4-1-5所示。这些不同的变体使得YOLOv5能很好地在精度和速度中权衡，方便用户选择。

该项目是YOLOv5结合PyTorch的版本，可以根据官方提供的预训练模型进行自定义训练。

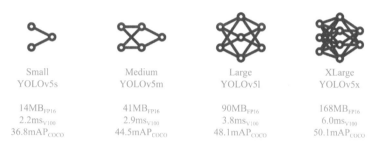

图4-1-5　YOLOv5的4个版本

3. COCO数据集

COCO的全称是Microsoft Common Objects in Context（场景中的常见物体），起源于微软于2014年出资标注的Microsoft COCO数据集。ImageNet计算机视觉竞赛停办后，COCO竞赛就成为目标识别和检测等领域的一个权威、重要的标杆。

COCO数据集是微软公司出资标注的数据集，主要用于目标检测、分割和图像描述。根据官网的介绍，它主要有以下几种特性：

1）Object Segmentation：目标分割。

2）Recognition in Context：图像情景识别。

3）Superpixel stuff segmentation：超像素分割。

4）330K images（>200K labeled）：有33万张图片，其中超过20万张是标注过的。

5）1.5 million object instances：150万个对象实例。

6）80 object categories：80个目标类别。

7）91 stuff categories：91个对象类别。

8）5 captions per image：每张图片有5个描述。

9）250K people with keypotins：对25万人的图片进行了关键点标注。

前几个特性都是很好理解的，也属于比较热门的几个研究方向，主要的疑惑点是"80 object categories"和"91 stuff categories"，接下来进行解释。对于所谓的"stuff categories"，论文中的描述是where "stuff" categories include materials and objects with no clear boundaries（sky，street，grass），即标注了91类没有明确边界的对象（诸如天空、街道、草地）。其次注意

"80 object categories" 和 "91 stuff categories" 的区别。论文中用一段文字描述了它们的区别，简单来说就是80类是91类的一个子集，去掉了一些难以分类和容易混淆的类别，80类名称见表4-1-2。

表4-1-2　80类名称

person（人）	bicycle（自行车）	car（汽车）	motorbike（摩托车）
aeroplane（飞机）	bus（公共汽车）	train（火车）	truck（卡车）
boat（船）	traffic light（信号灯）	fire hydrant（消防栓）	stop sign（停车标志）
parking meter（停车计费器）	bench（长凳）	bird（鸟）	cat（猫）
dog（狗）	horse（马）	sheep（羊）	cow（牛）
elephant（大象）	bear（熊）	zebra（斑马）	giraffe（长颈鹿）
backpack（背包）	umbrella（雨伞）	handbag（手提包）	tie（领带）
suitcase（手提箱）	frisbee（飞盘）	skis（滑雪板双脚）	snowboard（滑雪板）
sports ball（运动球）	kite（风筝）	baseball bat（棒球棒）	baseball glove（棒球手套）
skateboard（滑板）	surfboard（冲浪板）	tennis racket（网球拍）	bottle（瓶子）
wine glass（高脚杯）	cup（茶杯）	fork（叉子）	knife（刀）
spoon（勺子）	bowl（碗）	banana（香蕉）	apple（苹果）
sandwich（三明治）	orange（橘子）	broccoli（西兰花）	carrot（胡萝卜）
hot dog（热狗）	pizza（披萨）	donut（甜甜圈）	cake（蛋糕）
chair（椅子）	sofa（沙发）	pottedplant（盆栽植物）	bed（床）
diningtable（餐桌）	toilet（厕所）	tvmonitor（电视机）	laptop（笔记本）
mouse（鼠标）	remote（遥控器）	keyboard（键盘）	cell phone（电话）
microwave（微波炉）	oven（烤箱）	toaster（烤面包器）	sink（水槽）
refrigerator（冰箱）	book（书）	clock（闹钟）	vase（花瓶）
scissors（剪刀）	teddy bear（泰迪熊）	hair drier（吹风机）	toothbrush（牙刷）

要完成本任务，可以将实施步骤分成以下4步：

1）搭建训练环境。

2）训练模型。

3）模型推理。

4）PyTorch模型文件转换为ONNX模型文件。

1. 搭建训练环境

步骤1　项目下载。打开终端，执行下面的命令即可下载YOLOv5项目文件。

git clone https://github.com.cnpmjs.org/ultralytics/yolov5.git

步骤2　安装依赖包。打开终端，执行下面的命令即可一键安装依赖包。

pip install -r yolov5/requirements.txt

2. 训练模型

步骤1 数据集准备。"./yolov5/data/coco128.yaml"文件中存放着训练数据集所存放的路径、类别总数、标签名称、训练集下载地址等配置,如图4-1-6所示。

```
10  # Train/val/test sets as 1) dir: path/to/imgs, 2) file: path/to/imgs.txt, or 3) list: [path/to/imgs1, path/to/imgs2, ..]
11  path: ./datasets/coco128  # dataset root dir
12  train: images/train2017  # train images (relative to 'path') 128 images
13  val: images/train2017  # val images (relative to 'path') 128 images
14  test:  # test images (optional)
15
16  # Classes
17  nc: 80  # number of classes
18  names: ['person', 'bicycle', 'car', 'motorcycle', 'airplane', 'bus', 'train', 'truck', 'boat', 'traffic light',
19          'fire hydrant', 'stop sign', 'parking meter', 'bench', 'bird', 'cat', 'dog', 'horse', 'sheep', 'cow',
20          'elephant', 'bear', 'zebra', 'giraffe', 'backpack', 'umbrella', 'handbag', 'tie', 'suitcase', 'frisbee',
21          'skis', 'snowboard', 'sports ball', 'kite', 'baseball bat', 'baseball glove', 'skateboard', 'surfboard',
22          'tennis racket', 'bottle', 'wine glass', 'cup', 'fork', 'knife', 'spoon', 'bowl', 'banana', 'apple',
23          'sandwich', 'orange', 'broccoli', 'carrot', 'hot dog', 'pizza', 'donut', 'cake', 'chair', 'couch',
24          'potted plant', 'bed', 'dining table', 'toilet', 'tv', 'laptop', 'mouse', 'remote', 'keyboard', 'cell phone',
25          'microwave', 'oven', 'toaster', 'sink', 'refrigerator', 'book', 'clock', 'vase', 'scissors', 'teddy bear',
26          'hair drier', 'toothbrush']  # class names
27
28
29  # Download script/URL (optional)
30  download: https://github.com/ultralytics/yolov5/releases/download/v1.0/coco128.zip
```

图4-1-6 coco128.yaml文件中的内容

🌐 数据配置文件参数说明

- path:数据集根目录路径。
- train:训练集路径。
- val:验证集路径。
- test:测试集路径(可选)。
- nc:类别的数量。
- names:类别的标签。
- download:数据集下载地址(可选)。

如果训练时没有定义数据集,那么训练时默认会使用coco128开源数据集,数据集的默认路径为"./datasets/coco128/images",如图4-1-7所示。

如果数据集不存在,那么训练时程序默认会根据"./yolov5/data/coco128.yaml"文件中的下载地址下载数据集并解压。如果是自定义数据,则可以模仿"./yolov5/data/coco128.yaml"文件来编写,然后进行可选参数设置就可以了。

图4-1-7 coco128开源数据集

步骤2 模型微调训练。利用官方提供的yolov5n.pt权重预训练模型进行训练,默认将训练结果输出到"yolov5/runs/train/exp*"。train.py脚本提供了丰富的可选参数。

🌐 train.py参数说明

- weights:权重模型,默认是yolov5s.pt。
- cfg:model.yaml所在的路径,默认为空。
- data:自定义数据集的yaml路径,默认为data/coco128.yaml。

- hyp：超参数路径，默认为data/hyps/hyp.scratch.yaml。
- epochs：训练迭代次数。
- batch-size：批处理数量。
- 'img-size'：训练图片的像素大小值。
- workers：数据加载工作线程的最大数量。如果这个参数设置不合理，那么会导致报错，这个参数由硬件性能决定。
- device：选择CUDA设备或者CPU训练。
- project：训练结果保存路径的一级目录，默认为runs/train。
- name：训练结果保存路径的二级目录，默认是exp。

动手练习1

请根据提示，设置训练参数并完成模型训练。

- 请在<1>处将预训练模型的路径设置为“./yolov5/models/yolov5n.pt”；
- 请在<2>处将批处理数量设置为2；
- 请在<3>处将训练迭代次数设置为2；
- 请在<4>处设置训练后结果的保存路径。

```
%run ./yolov5/train.py --weight <1> <2> <3> --workers 0 --project <4>
```

完成填写后运行代码，开始训练，训练结束后若输出类似Results saved to yolov5/runs/train/exp的结果，则训练完成。

训练结束后，会筛选输出最好的模型best. pt和最后的模型last. pt（放在weights文件夹里），以及训练过程中的输出等，如图4-1-8所示。

/ ··· / train / exp /

名称	修改时间
weights	2 分钟前
confusion_matrix.png	几秒前
events.out.tfevents.1708334447.d...	几秒前
F1_curve.png	1 分钟前
hyp.yaml	4 分钟前
labels_correlogram.jpg	4 分钟前
labels.jpg	4 分钟前
opt.yaml	4 分钟前
P_curve.png	1 分钟前
PR_curve.png	1 分钟前
R_curve.png	1 分钟前
results.csv	1 分钟前

图4-1-8　训练结果文件

3. 模型推理

步骤1　模型预测。YOLOv5项目提供了模型检测脚本detect. py。利用这个脚本，可以使用自己训练的模型文件对图像进行推理，默认会将预测结果输出到“yolov5/runs/detect/”。

detect.py脚本同样提供了丰富的可选参数，以便我们做合理的设置。

🌐 detect.py参数说明

- weights：模型路径，默认是自动下载yolov5s.pt。这里采用训练输出的结果模型，如best.pt。
- source：可以是摄像头编号、图片路径、视频或图片文件、rtsp流、视频URL。
- imgsz、img、img-size：推断检测图片的像素大小。
- conf-thres：置信度阈值，浮点类型，默认是0.25。
- device：选择CUDA设备或者CPU训练。
- project：检测结果保存路径的一级目录，默认为runs/detect。
- name：检测结果保存路径的二级目录，默认是exp。

⌨️ 动手练习❷ ▷

请根据提示设置训练参数并完成模型训练。

- 请在<1>处填写需要预测的模型所在路径，如"./yolov5/runs/train/exp/weights/best.pt"（路径中的exp需根据实际进行填写）。
- 请在<2>处将图片的像素大小设置为640。
- 请在<3>处将置信度阈值设置为0.25。
- 请在<4>处将预测图片的所在路径设置为"./yolov5/data/images/"。

%run ./yolov5/detect.py <1> --img <2> <3> <4> --project ./yolov5/runs/detect

完成填写后运行代码，开始进行预测，预测结束后若输出类似Results saved to yolov5/runs/detect/exp的结果，则预测成功。

预测的结果可以在"./yolov5/runs/detect/"目录下查看到，如图4-1-9所示。

图4-1-9 预测结果

步骤2 显示预测结果。利用以下脚本显示相关图片，只需要修改图片路径即可。

🌐 函数说明

PIL.Image.open(fp, mode='r', formats=None)

功能：用于打开给定路径的图片。

参数说明：

- fp：文件路径名称（字符串类型），pathlib.Path对象或文件对象。
- mode：打开方式，默认且必须为"r"。
- formats：使用列表或元组存放的用于载入文件的数据格式，用于限制被检查格式的数量。传入None将尝试所有支持的格式。可通过运行python3-m PIL或使用PIL.features.pilinfo()方法打印出支持的格式。

⌨ 动手练习❸ ▶

请根据提示设置训练参数并完成模型训练。

● 请在<1>处使用Image.open()函数，填入正确的图片路径并查看预测的图片。

from PIL import Image
<1>

完成填写后运行代码，若输出预测结果，则代码填写正确。

4. PyTorch模型文件转换为ONNX模型文件

步骤1 模型格式转换。export.py脚本提供了丰富的可选参数设置。

🌐 export.py参数说明

● weights：权重模型路径，如自己训练的模型所存放的路径。

● img-size：图片的大小（高,宽），默认为[640，640]。

● batch-size：批处理大小，默认大小为1。

● device：指定GPU设备或者CPU设备，可设置一个或多个GPU。

● include：输出格式，默认为['torchscript', 'onnx', 'coreml']。

● opset：ONNX的opset版本，默认为12。

⌨ 动手练习❹ ▶

请根据提示设置参数并完成模型转换。

● 请在<1>处填写需要转换的模型所在路径，如"./yolov5/runs/train/exp/weights/best.pt"（路径中的exp需根据实际进行填写）。

● 请在<2>处将输出格式设置为onnx。

● 请在<3>处将opset版本设置为12。

%run ./yolov5/export.py <1> --img-size 640 --batch-size 1 <2> <3>

完成填写后运行代码，开始进行预测，预测结束后若输出类似Results saved to yolov5/runs/train/exp/weights的结果，则预测成功。

转换后的ONNX模型默认保存在输入模型的路径下，即"./yolov5/runs/train/exp/weights"，如图4-1-10所示。

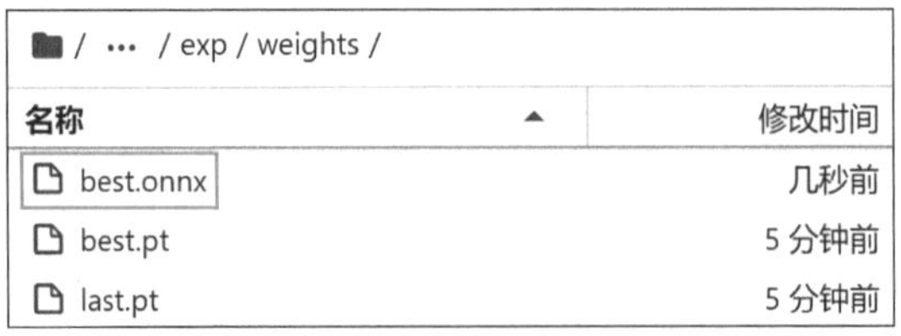

📁 / ··· / exp / weights /	
名称 ▲	修改时间
📄 best.onnx	几秒前
📄 best.pt	5 分钟前
📄 last.pt	5 分钟前

图4-1-10 转换结果

步骤2 修改图像尺寸。由于使用ONNX模型文件进行预测时要求输入的图片像素为640×640，所以需要把图片先转换成640×640的图片，然后进行使用。

🌐 函数说明

cv2.resize(src, (w, h), interpolation=INTER_LINEAR)

功能：修改图片的尺寸。

返回值：修改后的图片。

参数说明：

● src：输入图片。

● (w, h)：输出图片的宽和高。

● interpolation：插值方式。

⌨ 动手练习❺ ▷

补全以下代码并运行查看结果。

● 请在<1>处使用适当的函数读取"yolov5/data/images/zidane.jpg"图片。

● 请在<2>处使用cv2.resize()方法将图片的尺寸修改为（640,640）。

● 请在<3>处使用适当的函数将图片保存为"yolov5/data/images/zidane2.jpg"。

```
import cv2
img = <1>
img = <2>
<3>
Image.open('yolov5/data/images/bus2.jpg')
```

完成后若输出图片，则图片处理正确。

步骤3 预测ONNX模型文件的可用性。

⌨ 动手练习❻ ▷

请根据提示设置推理参数并完成模型推理。

● 请在<1>使用./yolov5/detect.py脚本对ONNX模型进行预测，使用的图片为./yolov5/data/images/zidane2.jpg，预测结果保存在./yolov5/runs/detect路径下。

<1>

完成填写后运行代码，开始进行预测，预测结束后若输出类似Results saved to yolov5/runs/detect/exp2的结果，则预测成功。

步骤4 查看ONNX模型的预测结果。转换后模型的检测精度可能降低，但只要模型能正确识别出图像上的部分类别，就说明模型转换步骤正确。

```
from PIL import Image
Image.open('./yolov5/runs/detect/exp2/bus2.jpg')
```

任务小结 ◀

本任务的主要内容是使用YOLOv5开源项目的训练脚本训练模型、推理脚本进行模型推理，接着使用模型转换脚本将PyTorch模型文件转换为ONNX模型文件，最终使用ONNX模型进行目标检测测试。

通过本任务的学习，读者可对基于PyTorch的YOLOv5模型训练、推理及转换的基本知识和概念有更深入的了解，在实践中逐渐熟悉基础操作方法。该任务相关的知识技能小结的思维导图如图4-1-11所示。

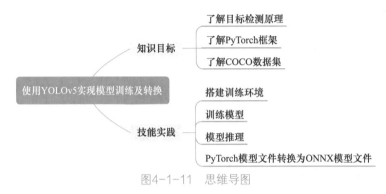

图4-1-11　思维导图

任务2　ONNX模型文件转换为RKNN模型文件

⚙ **知识目标**

- 了解ONNX模型格式。
- 了解将模型转换为RKNN格式的意义。
- 了解模型部署相关知识。
- 了解边缘计算的含义。

⚙ **能力目标**

- 能够将ONNX模型转换成RKNN模型。
- 能够使用RKNN模型进行推理。

⚙ **素质目标**

- 具有团队合作与解决问题的能力。
- 具有合理利用与支配各类资源的能力。

任务描述与要求 ◀

任务描述：

本任务要求将ONNX模型转换为RKNN模型，并使用RKNN模型进行推理。

任务要求：

- 搭建RKNN环境。

- 使用RKNN工具将ONNX模型转换成RKNN模型。

- 使用RKNN模型进行模型推理。

 任务分析与计划 ◀

根据所学相关知识，制订完成本任务的实施计划，见表4-2-1。

表4-2-1　任务计划

项目名称	PyTorch目标检测模型部署
任务名称	ONNX模型文件转换为RKNN模型文件
计划方式	自主设计
计划要求	请用6个计划步骤来完整描述出如何完成本任务
序　号	任 务 计 划
1	
2	
3	
4	
5	
6	

知识储备 ◀

在本任务的知识储备中主要介绍：

- ONNX简介。

- 转换为RKNN模型文件的意义。

- 模型检测。

- 边缘计算。

模型部署

1. ONNX简介

Open Neural Network Exchange（ONNX，开放神经网络交换）格式是一个用于表示深度学习模型的标准，可使模型在不同框架之间进行转移。

ONNX是一种针对机器学习所设计的开放式的文件格式，用于存储训练好的模型。它使得不同的人工智能框架（如PyTorch、MXNet）可以采用相同的格式存储模型数据并交互。ONNX的规范及代码主要由微软、亚马逊、Facebook和IBM等公司共同开发，以开放源代码的方式托管在Github上。

目前官方支持加载ONNX模型并进行推理的深度学习框架有Caffe2、PyTorch、MXNet、ML.NET、TensorRT和Microsoft CNTK，而TensorFlow是非官方地支持加载ONNX。

假设一个场景：现在某组织因为主要开发用TensorFlow为基础的框架，现在有一个深度算法，需要将其部署在移动设备上，以观测变现。传统地我们需要用Caffe2重新将模型写好，然后训练参数，试想这将是一个多么耗时耗力的过程。

此时，ONNX便应运而生，Caffe2、PyTorch、Microsoft Cognitive Toolkit、Apache MXNet等主流框架都对ONNX有着不同程度的支持。这就便于算法及模型在不同的框架之间迁移。

开放式神经网络交换（ONNX）是迈向开放式生态系统的第一步，它使AI开发人员能够随着项目的发展选择合适的工具。ONNX生态系统如图4-2-1所示。ONNX为AI模型提供开源格式。它定义了可扩展的计算图模型、内置运算符和标准数据类型。最初的ONNX专注于推理（评估）所需的功能。ONNX解释计算图的可移植，它使用Graph的序列化格式。它不一定是框架选择在内部使用和操作计算的形式。例如，如果在优化过程中的操作更有效，则可以实现在存储器中以不同的方式表示模型。

ONNX是一个开放式规范，由以下组件组成：

- 可扩展计算图模型的定义。

- 标准数据类型的定义。

- 内置运算符的定义。

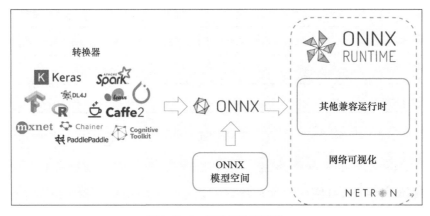

图4-2-1 ONNX生态系统

2. 转换为RKNN模型文件的意义

ONNX模型文件格式只是一个过渡格式，其主要目的是将其他框架的模型文件转换成目标模型文件。这里就是要将PyTorch模型文件转换成RKNN这个目标模型文件。而转换成RKNN模型文件的意义在于与AI边缘计算终端结合，将RKNN模型文件部署到终端上，利用AI边缘终端的高速NPU处理能力来进行推理，进而实现实际场景化的应用。

3. 模型部署

模型训练重点关注的是如何通过训练策略来得到一个性能更好的模型，其过程似乎包含着各种"玄学"，被戏称为"炼丹"。整个流程包含从训练样本的获取（包括数据采集与标注）、模型结构的确定、损失函数和评价指标的确定，到模型参数的训练，这部分更多的是业务方去承接相关工作。一旦训练得到了一个指标不错的模型，那么如何将这颗"丹药"赋能到实际业务中，充分发挥其能力，就是部署方需要承接的工作。

因此，一般来说，学术界负责各种SOTA（State of the Art）模型的训练和结构探索，而工业界负责将这些SOTA模型应用落地，赋能百业。模型部署一般无须再考虑如何修改训练方式或者修改网络结构以提高模型精度，更多的则是需要明确部署的场景、部署方式（中心服务化还是本地终端部署）、模型的优化指标，以及如何提高吞吐率和减少延迟等。接下来将逐一进行介绍。

（1）模型部署场景

这个问题主要源于中心服务器云端部署和边缘部署两种方式的差异。云端部署常见的模式是模型部署在云端服务器，用户通过网页访问或者API接口调用等形式向云端服务器发出请求，云端收到请求后处理并返回结果。边缘部署则主要用于嵌入式设备，主要通过将模型打包并封装到SDK集成到嵌入式设备，数据的处理和模型推理都在终端设备上执行。

（2）模型部署方式

针对上面提到的两种场景，分别有两种不同的部署方案：Service部署和SDK部署。Service部署：主要用于中心服务器云端部署，一般直接以训练的引擎库作为推理服务模式。SDK部署：主要用于嵌入式端部署场景，以C++等语言实现一套高效的前后处理和推理引擎库（高效推理模式下的Operation/Layer/Module的实现），用于提供高性能推理能力。此种方式一般需要考虑对模型转换（动态图静态化）、模型联合编译等进行深度优化。SDK部署和Service部署的对比见表4-2-2。

表4-2-2　SDK部署和Service部署的对比

比较内容	SDK部署	Service部署
部署环境	SDK引擎	训练框架
模型语义转换	需要进行前后处理和模型的算子重实现	一般框架内部负责语义转换
前后处理对齐算子	训练和部署对应两套实现，需要进行算子数值对齐	共用算子
计算优化	偏向于挖掘芯片编译器的深度优化能力	利用引擎已有的训练优化能力

（3）部署的核心优化指标

部署的核心目标是合理把控成本、功耗、性价比三大要素。成本问题是部署硬件的重中之重，AI模型部署到硬件上的成本将极大限制用户的业务承受能力。成本问题主要聚焦于芯片的选型，比如，对比寒武纪MLU220和MLU270，MLU270主要用作数据中心级的加速卡，其算力和功耗相对于边缘端的人工智能加速卡MLU220要低。NVIDIA推出的Jetson和Tesla T4也有类似思路，Tesla T4是主打数据中心的推理加速卡，而Jetson则是嵌入式设备的加速卡。对于终端场景，还会根据对算力的需求进一步细分，比如表中给出的高通骁龙芯片，除GPU的浮点算力外，还会增加DSP以增加定点算力。本书篇幅有限，不再赘述，主要还是根据成本和业务需求来进行权衡。

在数据中心服务场景，对于功耗的约束要求相对较低；在边缘终端设备场景，硬件的功耗会影响边缘设备的电池使用时长。因此，对于功耗要求相对较高的情况，一般来说，利用NPU等专用优化的加速器单元来处理神经网络等高密度计算，能节省大量功耗。

不同的业务场景对于芯片的选择有所不同，以达到更高的性价比。从公司业务来看，云端更加关注的是多路的吞吐量优化需求，而终端场景则更关注单路的延时需要。在目前主流的CV领域，低比特模型相对成熟，且INT8/INT4芯片因成本低及算力比高的原因已被广泛使用。在NLP或者语音等领域，对于精度的要求较高，低比特模型精度可能会存在难以接受的精度损失，因此FP16是相对更优的选择。在CV领域的芯片性价比选型上，在有INT8/INT4计算精度的芯片里，主打低精度算力的产品是追求高性价比的主要选择之一，但这也为平衡精度和性价比提出了巨大的挑战。各芯片的算力和功耗对比见表4-2-3。

表4-2-3　各芯片的算力和功耗对比

芯片型号	算　力	功　耗
Snapdragon 855	7 TOPs(DSP) + 954.7GFLOPs(GPU FP32)	10W
Snapdragon 865	15 TOPs (DSP) + 1372.1GFLOPs(GPU FP32)	10W
MLU220	8 TOPS (INT8)	8.25W
MLU270-S4	128 TOPS (INT8)	70W
Jetson-TX2	1.30 TOPS (FP16)	7.5W/15W
T4	130 TOPS (INT8)	70W

（4）部署流程

上面简要介绍了部署的主要方式和场景，以及部署芯片的选型考量指标。接下来以SDK部署为例，给大家概括介绍SenseParrots在部署中的整体流程。SenseParrots部署流程大致分为以下几个步骤：模型转换、模型量化压缩、模型打包封装SDK。

1）模型转换。模型转换主要用于模型在不同框架之间的流转，常用于训练和推理场景的连接。目前主流的框架都是以ONNX或者Caffe为模型的交换格式，SenseParrots也不例外。SenseParrots的模型转换主要分为计算图生成和计算图转换两大步骤，另外，根据需要，还可以在中间插入计算图优化，从而对计算机进行推理加速（诸如常见的CONV/BN的算子融合）。

计算图生成是通过一次推理并追踪记录的方式，将用户的模型完整地翻译成静态的表达。在模型推理的过程中，框架会记录执行算子的类型、输入/输出、超参数和调用该算子的模型层次，最后把推理过程中得到的算子信息和模型信息结合，得到最终的静态计算图。

计算图转换是指分析静态计算图的算子，并对应转换到目标格式。SenseParrots支持了多后端的转换，能够转换到各个opset的ONNX、原生Caffe和多种第三方版本的Caffe。框架通过算子转换器继承或重写的方式，让ONNX和Caffe的不同版本的转换开发变得更加简单。同时，框架开放了自定义算子生成和自定义算子转换器的接口，让第三方框架开发者也能够轻松地自主开发实现SenseParrots到第三方框架的转换。

2）模型量化压缩。在终端场景中，一般会有内存和速度的考虑，因此会要求模型尽量小，同时保证较高的吞吐率。除了人工针对嵌入式设备设计合适的模型，如MobileNet系列，通过NAS（Neural Architecture Search）自动搜索小模型，以及通过蒸馏/剪枝的方式压缩模型外，一般还会使用量化来达到减小模型规模和加速的目的。

量化的过程主要是将原始浮点FP32训练出来的模型压缩到定点INT8（或者INT4/INT1）的模型，由于INT8只需要8位来表示，因此相对于32位的浮点，其模型规模理论上可以直接降为原来的1/4，这种压缩率是非常直观的。另外，大部分终端设备都会有专用的定点计算单元，通过低比特指令实现的低精度算子，速度上会有很大的提升。当然，这部分还依赖协同体系结构和算法来获得更大的加速。

量化的技术栈主要分为量化训练（Quantization Aware Training，QAT）和离线量化（Post Training Quantization，PTQ）。两者的主要区别在于：量化训练是通过对模型插入伪量化算子（这些算子用来模拟低精度运算的逻辑），通过梯度下降等优化方式在原始浮点模型上进行微调，从而调整参数，得到精度符合预期的模型；离线量化主要是通过少量校准数据集（从原始数据集中挑选100～1000张图，不需要训练样本的标签）获得网络的activation分布，通过统计手段或者优化浮点和定点输出的分布来获得量化参数，从而获取最终部署的模型。两者各有优劣，量化训练基于原始浮点模型的训练逻辑进行训练，理论上更能保证收敛到原始模型的精度，但需要精细调参且生产周期较长；离线量化只需要基于少量校准数据，因此生产周期短且更加灵活，缺点是精度可能略逊于量化训练。在实际落地的过程中，会发现大部分模型通过离线量化就可以获得不错的模型精度（1%以内的精度损失，当然这部分精度的提升也得益于优化策略的加持），剩下的少部分模型可能需要通过量化训练来弥补精度损失，因此实际业务中会结合两者的优劣来应用。

量化主要有两大难点：一是如何平衡模型的吞吐率和精度，二是如何结合推理引擎充分挖掘芯片的能力。比特数越低，其吞吐率可能会越大，但其精度损失可能也会越大，因此，如何通过算法提升精度至关重要，这也是组内的主要工作之一。另外，压缩到低比特，在某些情况下，吞吐率未必会提升，还需要结合推理引擎优化一起对模型进行图优化，甚至有时候会反馈如何进行网络设计，因此会是一个算法与工程迭代的过程。

3）模型打包封装SDK。在实际业务落地的过程中，模型可能只是产品流程中的一环，用于实现某些特定功能，其输出可能会用于流程的下一环。因此，模型打包会将模型的前后处理内容、一个或者多个模型整合到一起，再加入描述性的文件（前后处理的参数、模型相关参数、模型格式和版本等），实现一个完整的功能。因此，SDK除了需要一些通用前后处理的高效实现，对齐训练时的前后处理逻辑，还需要具有足够好的扩展性来应对不同的场景，方便扩展新的功能。可以看到，模型打包过程更多的是模型的进一步组装，将不同模型组装在一起，当需要使用的时候将这些内容解析成整个流程（Pipeline）的不同阶段（Stage），从而实现整个产品功能。

另外，考虑到模型很大程度上是研究员的研究成果，对外涉及保密问题，因此会对模型进行加密，以保证其安全性。加密算法的选择需要根据实际业务需求来决定，诸如不同的加密算法其加解密效率不一样，加解密是否有中心验证服务器等，其核心都是为了保护研究成果。

4. 边缘计算

物联网技术的快速发展和云服务的推动使得云计算模型已经不能很好地解决现在的问题，于是，这里给出一种新型的计算模型——边缘计算。边缘计算指的是在网络的边缘来处理数据，这样能够减少请求响应时间、提升电池续航能力、减少网络带宽的同时保证数据的安全性和私密性。

云计算自从2005年提出之后，就开始逐步地改变我们生活、学习、工作的方式。生活中经常用到的一些软件提供的服务就是典型的代表。并且，可伸缩的基础设施和能够支持云服务的处理引擎也对运营商业的模式产生了一定的影响，如Hadoop、Spark等。

物联网的快速发展让人们进入了后云时代，在日常生活中会产生大量的数据。物联网应用可能会要求极快的响应时间、数据的私密性等。如果把物联网产生的数据传输给云计算中心，那么将会加大网络负载，网络可能造成拥堵，并且会有一定的数据处理延时。

随着物联网和云服务的推动，我们假设了一种新的处理问题的模型——边缘计算。在网络的边缘产生、处理、分析数据。

（1）什么是边缘计算

边缘计算指的是使用网络边缘结点来处理、分析数据。这里，我们给出边缘结点的定义。边缘结点指的就是在数据产生源头和云中心之间的任一具有计算资源和网络资源的结点。比如，手机就是人与云中心之间的边缘结点，网关是智能家居和云中心之间的边缘结点。在理想环境中，边缘计算指的就是在数据产生源附近分析、处理数据，没有数据的流转，进而减少网络流量和响应时间。

（2）为什么需要边缘计算

云服务的推动：云中心具有强大的处理性能，能够处理海量的数据。但是，将海量的数据传送到云中心成了一个难题。云计算模型的系统性能瓶颈在于网络带宽的有限性，传送海量数据需要一定的时间，云中心处理数据也需要一定的时间，这就会加大请求响应时间，用户体验极差。

物联网的推动：现在几乎所有的电子设备都可以连接到互联网，这些电子设备会产生海量的数据。传统的云计算模型并不能及时有效地处理这些数据，在边缘结点处理这些数据将会具有极小的响应时间，减轻网络负载，保证用户数据的私密性。

终端设备的角色转变：终端设备大部分时间都在扮演数据消费者的角色，比如使用智能手机观看爱奇艺、刷抖音等。然而，现在智能手机让终端设备也有了生产数据的能力，比如在淘宝购买东西，在百度里搜索内容都会在终端节点产生数据。

图4-2-2是传统云计算模型下的范式，最左侧是服务提供者提供的数据，上传到云中心，终端客户发送请求到云中心，云中心响应相关请求并发送数据给终端客户。终端客户始终是消费者的角色。

图4-2-2　传统云计算模型下的范式

图4-2-3是现在物联网快速发展下的边缘计算范式。边缘结点（包括智能家电、手机、平板等）产生数据，上传到云中心，服务提供商也产生数据上传到云中心。边缘结点发送请求到云中心，云中心返回相关数据给边缘结点。

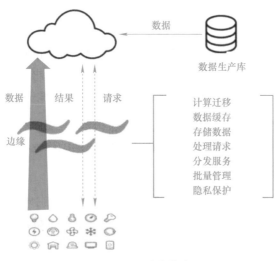

图4-2-3　边缘范式

（3）边缘计算的优点

1）在人脸识别领域，响应时间降为原来的70%～80%。

2）把部分计算任务从云端卸载到边缘之后，整个系统对能源的消耗减少了30%～40%。

3）数据在整合、迁移等方面的时间是原来的1/20。

（4）案例研究

1）云卸载。在传统的内容分发网络中，数据都会缓存到边缘结点。随着物联网的发展，数据的生产和消费都是在边缘结点进行的，也就是说边缘结点也需要承担一定的计算任务。把云中心的计算任务卸载到边缘结点的这个过程叫作云卸载。

举个例子，移动互联网的发展，让我们能够在移动端流畅地购物，我们的购物车以及相关操作（商品的增删改查）都是依靠将数据上传到云中心才能得以实现的。如果将购物车的相关数据和操作都下放到边缘结点进行，那么将会极大提高响应速度，增强用户体验。人们可通过减少延迟来提高人与系统的交互质量。

2）视频分析。随着移动设备的增加，以及城市中摄像头布控的增加，利用视频来达成某种目的成为一种合适的手段，但是云计算这种模型已经不适合用于这种视频处理，因为大量数据在网络中的传输可能会导致网络拥塞，并且视频数据的私密性难以得到保证。

因此提出边缘计算，让云中心下放相关请求，各个边缘结点对请求结合本地视频数据进行处理，然后只返回相关结果给云中心，这样既降低了网络流量，也在一定程度上保证了用户的隐私。

举例而言，有个小孩儿在城市中丢失，那么云中心可以下放"找小孩儿"这个请求到各个边缘结点，边缘结点结合本地的数据进行处理，然后返回"是否找到小孩儿"这个结果。相比把所有视频上传到云中心，并让云中心去解决，这种方式能够更快地解决问题。

3）智能家居。物联网的发展让普通人家里的电子器件都活泼了起来，仅仅让这些电子器件联上网络是不够的，我们需要更好地利用这些电子元件产生的数据，并利用这些数据更好地为当前家庭服务。考虑到网络带宽和数据私密保护，我们希望这些数据最好仅能在本地流通，并直接在本地处理即可。我们需要网关作为边缘结点，让它自己消费家庭里所产生的数据。同时由于数据的来源很多（可以是来自计算机、手机、传感器等任何智能设备），因此需要定制一个特殊的OS，以至于它能把这些抽象的数据有机地统一起来。

4）智慧城市。边缘计算的设计初衷是让数据能够更接近数据源，因此边缘计算在智慧城市中有以下几方面优势：

海量数据处理：在一个人口众多的大城市中，无时无刻不在产生着大量的数据，而这些数据如果全部交由云中心来处理，那么将会导致巨大的网络负担，资源浪费严重。如果这些数据能够就近进行处理，如在数据源所在的局域网内进行处理，那么网络负载就会大幅度降低，数据的处理能力也会有进一步的提升。

低延迟：在大城市中，很多服务是要求具有实时特性的，这就要求响应速度能够尽可能地进一步提升。比如医疗和公共安全方面，可使用边缘计算减少数据在网络中传输的时间，简化网络结构。对于数据的分析、诊断和决策，都可以交由边缘结点来进行处理，从而提高用户体验。

位置感知：对基于位置的一些应用来说，边缘计算的性能要依据云计算。比如导航，终端设备可以根据自己的实时位置把相关位置信息和数据交给边缘结点来进行处理，边缘结点基于现有的数据进行判断和决策，整个过程中的网络开销都是最小的。用户请求可以极快地得到响应。

（5）边缘协作

由于数据隐私性问题和数据在网络中传输的成本问题，有一些数据是不能由云中心去处理的，但是这些数据有时候又需要多个部门协同合作才能发挥它最大的作用。于是，我们提出了边缘协同合作的概念，利用多个边缘结点协同合作，创建一个虚拟的共享数据的视图，利用一个预定义的公共服务接口来将这些数据进行整合。同时，通过这个数据接口，可以编写应用程序为用户提供更复杂的服务。

举个多个边缘结点协同合作共赢的例子。比如流感爆发的时候，医院作为一个边缘结点，与药房、医药公司、政府、保险行业等多个结点进行数据共享，把当前流感的受感染人数、流感的症状、治疗流感的成本等共享给以上边缘结点。药房通过这些信息有针对性地调整自己的采购计划，平衡仓库的库存；医药公司则能通过共享的数据得知哪些为要紧的药品，提升该类药品生产的优先级；政府向相关地区的人们提高流感警戒级别，此外，还可以采取进一步的行动来控制流感爆发的蔓延；保险公司根据这次流感程度的严峻性来调整明年该类保险的售价。总之，边缘结点中的任何一个节点都在这次数据共享中得到了一定的利益。

要完成本任务，可以将实施步骤分成以下3步：

1）搭建环境。

2）ONNX模型文件转换为RKNN模型文件。

3）运行RKNN模型。

1. 搭建环境

在RK3399Pro开发板上，官方有提供rknn_toolkit-1.7.1-cp36-cp36m-linux_x86_64.whl的pip安装包。这个软件包，可以用来转换模型、加载模型、推理模型等。如果rknn_toolkit安装包有版本更新，则可访问官方Github仓库下载（https://github.com/rockchip-linux/rknn-toolkit/releases）。

2. ONNX模型文件转换为RKNN模型文件

步骤1 导入依赖库。

```
import os
import sys
import numpy as np
from rknn.api import RKNN
```

步骤2 实例化RKNN对象。

🌐 函数说明

rknn = RKNN(verbose=True, verbose_file=None)

功能：初始化RKNN SDK环境。

参数说明：

- verbose：是否要在屏幕上打印详细日志信息；默认为False，表示不打印。

- verbose_file：如果verbose参数值为True，则调试信息转储到指定文件路径，默认为None。

⌨ 动手练习❶

请根据提示补充代码。

- 请在<1>处填入相关代码，实例化RKNN对象，并使其能在屏幕打印日志信息。

rknn = <1>

完成填写后运行，初始化完成后若输出类似如下的结果，则说明填写正确。

```
W Verbose file path is invalid, debug info will not dump to file.
D Using CPPUTILS: False
```

步骤3 设置模型预处理参数。

🌐 函数说明

rknn.config(reorder_channel = '0 1 2',mean_values = [[0, 0, 0]],std_values = [[255, 255, 255]],optimization_level = 3,target_platform = 'rk3399pro',output_optimize = 1,quantize_input_node = True)

功能：调用config接口，设置模型的预处理参数。

返回值：0表示设置成功，−1表示设置失败。

参数说明：

- reorder_channel：表示是否需要对图像通道顺序进行调整。

- mean_values：输入的均值。

- std_values：输入的"归一化"值。

- optimization_level：模型优化等级。

- target_platform：指定RKNN模型是基于哪个目标芯片平台生成的。目前支持RK1806、RK1808、RK3399Pro、RV1109和RV1126。该参数的值大小写不敏感。

- output_optimize：优化获取输出时间，默认为0。

- quantize_input_node：开启后无论模型是否量化，均强制对模型的输入节点进行量化。

请根据提示设置模型预处理参数。

● 请在<1>处将图像通道顺序设置为按照输入的通道顺序进行推理。

● 请在<2>处将归一化值设置为255，255，255。

● 请在<3>处将模型优化等级设置为3。

● 请在<4>处将目标平台的芯片设置为RK3399Pro。

```
ret = rknn.config(<1>,mean_values = [[0, 0, 0]],<2>,<3>,<4>,
                output_optimize = 1,
                quantize_input_node = True)
print(ret)
```

完成填写后运行代码，若输出0，则参数设置正确。

步骤4 加载原始模型。

🌐 函数说明

```
ret = rknn.load_onnx(model,inputs = ['data'],input_size_list = [[3, 224, 224]],
                outputs=['resnetv24_dense0_fwd'])
```

功能：使用RKNN-Toolkit加载原始的ONNX模型文件。

返回值：0表示导入成功，-1表示导入失败。

参数说明：

● model：ONNX模型文件（.onnx为扩展名）所在路径。

● inputs：指定模型的输入节点，数据类型为列表。

● input_size_list：每个输入节点对应的数据形状。

● outputs：指定模型的输出节点，数据类型为列表。

请根据提示补充代码。

● 请在<1>处填写ONNX格式的模型所在路径以加载ONNX模型。

```
ret = rknn.load_onnx(model=<1>, outputs=['326', '378', '430'])
print(ret)
```

完成填写后通过运行代码加载ONNX模型，加载完成后，若输出0，则路径填写正确。

步骤5 构建RKNN模型。

🌐 函数说明

```
ret = rknn.build(do_quantization=True,dataset,pre_compile=False, rknn_batch_size=1)
```

功能：构建RKNN模型。

返回值：0表示构建成功，-1表示构建失败。

参数说明：

- do_quantization：是否对模型进行量化，值为True或False。
- dataset：量化校正数据的数据集。目前支持文本文件格式，用户可以把用于校正的图片（jpg或png格式）或.npy文件路径放到一个.txt文件中。
- pre_compile：模型预编译开关。
- rknn_batch_size：模型的输入Batch参数调整，默认值为1。

动手练习❹

请根据提示设置参数，并构建RKNN模型。

- 请在<1>处打开对模型进行量化的开关。
- 请在<2>处设置量化数据集的路径。

```
ret = rknn.build(<1>, <2>)
print(ret)
```

完成填写后运行代码以构建RKNN模型，构建完成后，若输出0，则参数设置正确。

步骤6　导出RKNN模型。

函数说明

$$ret = rknn.export\_rknn(export\_path)$$

功能：导出RKNN模型。

返回值：0表示导出成功，-1表示导出失败。

参数说明：

- export_path：导出模型文件的路径。

动手练习❺

请根据提示补充代码。

- 请在<1>处调用rknn.export_rknn()方法，将转换后的RKNN模型导出至./yolov5/rknn/models/best.rknn。

```
ret = <1>
print(ret)
# 查看best.rknn是否生成
!ls ./yolov5/rknn/models/
```

完成填写后运行代码以导出RKNN模型，若输出如下结果，则RKNN模型成功导出。

```
0
best.rknn  yolov5n_demo.rknn
```

步骤7 释放RKNN对象。不再使用RKNN对象时，需要调用release( )方法进行释放。

```
# 释放RKNN对象
rknn.release( )
```

3. 运行RKNN模型

步骤1 创建RKNN对象。初始化RKNN SDK环境。

```
import os
import sys
import numpy as np
from rknn.api import RKNN
rknn = RKNN(verbose=True)
```

步骤2 加载RKNN模型。

🌐 函数说明

rknn.load_rknn(path, load_model_in_npu=False)

功能：加载RKNN模型。

返回值：0表示加载成功，-1表示加载失败。

参数说明：

● path::RKNN模型文件路径。

● load_model_in_npu：是否直接加载NPU中的RKNN模型。其中，path为RKNN模型在NPU中的路径。只有当RKNN-Toolkit运行在RK3399Pro Linux开发板或连有NPU设备的PC上时才可以设为True。默认值为False。

⌨ 动手练习❻

请根据提示补充代码。

● 请在<1>处调用load_rknn( )方法，载入转换后的RKNN模型。

```
ret = <1>
print(ret)
```

完成填写后运行代码以加载RKNN模型，构建完成后，若输出0，则代码填写正确。

步骤3 初始化运行时环境。

🌐 函数说明

ret = rknn.init_runtime(target=None, device_id=None, perf_debug=False,
eval_mem=False, async_mode=False)

功能：初始化运行时环境。确定模型运行的设备信息（硬件平台信息、设备ID）；确定性能评估时是否启用debug模式，以获取更详细的性能信息。

返回值：0表示初始化运行时环境成功，-1表示失败。

参数说明：

- target：目标硬件平台，目前支持RK3399Pro、RK1806、RK1808、RV1109、RV1126。如果是在开发板上直接运行，则通常不写。在RK3399Pro开发板上运行时，模型在自带NPU上运行，否则在设定的target上运行。

- device_id：设备编号，PC连接多台设备时需要指定该参数，设备编号可以通过list_devices接口查看。如果是在开发板上运行，则通常不写。

- perf_debug：进行性能评估时是否开启debug模式。在debug模式下，可以获取到每一层的运行时间，否则只能获取模型运行的总时间。

- eval_mem：是否进入内存评估模式。进入内存评估模式后，可以调用eval_memory接口获取模型运行时的内存使用情况。默认值为False。

- async_mode：是否使用异步模式。

动手练习❼

请根据提示初始化运行时环境。

- 请在<1>处设置性能评估时启动debug模式。

- 请在<2>处设置使用内存评估模式。

```
ret = rknn.init_runtime(<1>, <2>)
print(ret)
```

完成填写后运行代码以初始化运行时环境，若输出如下结果，则参数设置正确。

```
D target set by user is: None
D Host is RK3399PRO
D Starting ntp or adb, target is None, host is RK3399PRO
D Start ntp...
I npu_transfer_proxy pid: 1097, status: sleeping
W Flag perf_debug has been set, it will affect the performance of inference!
W Flag eval_mem has been set, it will affect the performance of inference!
0
```

步骤4 模型推理，模型性能评估，获取内存使用情况。这3种操作并没有先后之分，都可以执行。比较常用到的就是模型推理。因为现实当中，更需要的是模型推理出来的结果，比如目标检测的结果类别是什么、在图片上的位置信息等。

（1）模型推理

对当前模型进行推理，返回推理结果。推理结果只是一个NumPy数组列表，该列表还需要进一步分析才能得到相对应的现实结果。

如果RKNN-Toolkit运行在PC上，且初始化运行环境时设置target为Rockchip NPU设备，那么得到的是模型在硬件平台上的推理结果。

如果RKNN-Toolkit运行在PC上，且初始化运行环境时没有设置target，那么得到的是模型在模拟器上的推理结果。模拟器可以模拟哪款芯片，取决于RKNN模型target参数值。

如果RKNN-Toolkit运行在RK3399Pro Linux开发板上，那么得到的是模型在实际硬件上的推理结果。

函数说明

results = rknn.inference(inputs=[img])

功能：模型推理。

返回值：results为推理结果，类型是ndarray list。

参数说明：

● inputs：待推理的图片。

动手练习❽

● 请在<1>处利用OpenCV读取"./yolov5/data/images/bus.jpg"图片。

● 请在<2>处根据以上信息实现推理运算。

```
import cv2
img = <1>
img = cv2.cvtColor(img, cv2.COLOR_BGR2RGB)
img = cv2.resize(img, (640, 640))
results = <2>
print(results)
```

完成填写后运行代码，进行模型推理，若输出类似如下的结果，则填写正确。

```
[array([[[[-5.22232175e-01,  7.74860382e-07, -4.17785585e-01, ...,
            5.22233725e-01, -4.17785585e-01,  7.74860382e-07],
          [ 7.74860382e-07, -2.08892405e-01, -9.40018535e-01, ...,
            7.31126904e-01, -9.40018535e-01, -1.04445815e-01],
          [ 7.74860382e-07, -1.04445815e-01, -7.31125355e-01, ...,
            8.35573494e-01, -2.08892405e-01, -1.04445815e-01],
          ...,
```

（2）模型性能评估

通过评估模型性能来决定是否采用这个模型。不同平台上，模型性能也不一样，比如：

模型运行在PC上初始化运行环境时不指定target，得到的是模型在模拟器上运行的性能数据，包含逐层的运行时间及模型完整运行一次需要的时间。模拟器可以模拟RK1808，也可以模拟RV1126，具体模拟哪款芯片，取决于RKNN模型的target_platform参数值。

模型运行在与PC连接的Rockchip NPU上，且初始化运行环境时设置perf_debug为False，则获得的是模型在硬件上运行的总时间；如果设置perf_debug为True，则除了返回总时间外，还将返回每一层的耗时情况。

模型运行在RK3399Pro Linux开发板上时，如果初始化运行环境时设置perf_debug为False，那么获得的也是模型在硬件上运行的总时间；如果设置perf_debug为True，那么返回总时间及每一层的耗时情况。

函数说明

performance_result = rknn.eval_perf(inputs=[img], is_print=True)

功能：评估模型性能。

返回值：返回一个字典类型的评估结果。

参数说明：

- inputs：类型为ndarray list的输入，在1.3.1之后的版本是非必需的。

- is_print：是否格式化打印结果。

```
performance_result = rknn.eval_perf(inputs=[img], is_print=True)
print(performance_result)
```

（3）获取内存使用情况

 函数说明

rknn.eval_memory(is_print=True)

功能：获取模型在硬件平台运行时的内存使用情况。

返回值：返回memory_detail内存使用情况，类型为字典。

参数说明：

- is_print：是否以规范格式打印内存使用情况。默认值为True。

```
memory_detail = rknn.eval_memory(is_print=True)
print(memory_detail)
rknn.release()# 释放RKNN对象
```

任务小结 ◀

本任务的主要内容是使用RKNN-Toolkit工具将ONNX模型文件转换为RKNN模型文件，转换完后使用RKNN模型进行推理和性能评估。

通过本任务的学习，读者可对ONNX模型转换为RKNN模型的基本知识和概念有更深入的了解，在实践中逐渐熟悉基础操作方法。该任务相关的知识技能小结的思维导图如图4-2-4所示。

图4-2-4　思维导图

任务3	**部署YOLOv5模型实现实时检测**

知识目标

- 了解云计算部署模式。
- 了解边缘端模型部署的方法。
- 了解边缘AI含义。

能力目标

- 能够使用RKNN格式的模型进行推理。
- 能够使用线程方式实现模型的实时检测。
- 能够在边缘网关完成应用的运行与调试。

素质目标

- 具有获取信息并利用信息的能力。
- 具有综合与系统分析能力。

任务描述与要求

任务描述：

本任务要求在边缘端对RKNN格式的模型进行测试，并通过线程的方式实现边缘端实时目标检测的应用。

任务要求：

- 加载RKNN模型并初始化运行环境。
- 使用RKNN模型进行模型推理。
- 使用线程进行实时目标检测。

任务分析与计划

根据所学相关知识，制订完成本任务的实施计划，见表4-3-1。

表4-3-1　任务计划

项目名称	PyTorch目标检测模型部署				
任务名称	部署YOLOv5模型实现实时检测				
计划方式	自主设计				
计划要求	请用5个计划步骤来完整描述出如何完成本任务				
序　　号	任 务 计 划				
1					
2					
3					
4					
5					

在本任务的知识储备中主要介绍：

● 云计算部署模式。

● 设备端模型部署。

● 边缘AI。

基于YOLOv5的
实时检测模型部署

1. 云计算部署模式

云计算有4种部署模式，分别是私有云、社区云、公共云和混合云，这是根据云计算服务的消费者来源划分的，即：

1）如果一个云端的所有消费者只来自一个特定的单位组织（如微算科技公司），那么就是私有云。

2）如果一个云端的所有消费者来自两个或两个以上特定的单位组织，那么就是社区云。

3）如果一个云端的所有消费者来自社会公众，那么就是公共云。

4）如果一个云端的资源来自两个或两个以上的云，那么就是混合云。

（1）私有云

私有云的核心特征是云端资源只供一个企事业单位内的员工使用，其他的人和机构都无权租赁并使用云端计算资源。至于云端部署何处、所有权归谁、由谁负责日常管理，并没有严格的规定。

对于云端部署何处，有两个可能：一是部署在单位内部（如机房），称为本地私有云；二是托管在别处（如阿里云端），称为托管私有云。本地私有云如图4-3-1所示。

由于本地私有云的云端部署在企业内部，私有云的安全及网络安全边界定义都由企业自己实现并管理，一切由企业掌控，所以本地私有云适合运行企业中关键的应用。

托管私有云是把云端托管在第三方机房或者其他云端，计算设备可以自己购买，也可以租用第三方云端的计算资源，消费者所在的企业一般通过专线与托管的云端建立连接，或者利用叠加网络技术在互联网上建立安全通道（VPN），以便降低专线费用，如图4-3-2所示。

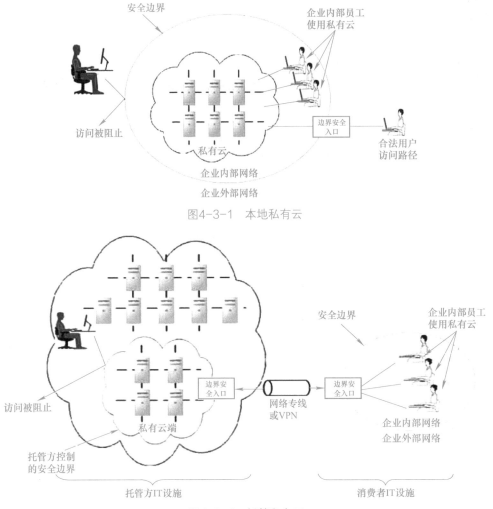

图4-3-1 本地私有云

图4-3-2 托管私有云

（2）社区云

社区云的核心特征是云端资源只给两个或者两个以上的特定单位组织内的员工使用，除此之外的人和机构都无权租赁和使用云端计算资源。参与社区云的单位组织具有共同的要求，如云服务模式、安全级别等。具备业务相关性或者隶属关系的单位组织建设社区云的可能性更大一些，因为一方面能降低各自的费用，另一方面能共享信息。

比如，深圳地区的酒店联盟组建酒店社区云，以满足数字化客房建设和酒店结算的需要；又比如，由一家大型企业牵头，与其提供商共同组建社区云；再比如，由卫生部牵头，联合各家医院组建区域医疗社区云，各家医院通过社区云共享病例和各种检测化验数据，这能极大地降低患者的就医费用。

与私有云类似，社区云的云端也有两种部署方法，即本地部署和托管部署。由于存在多个单位组织，所以本地部署存在3种情况：

1）只部署在一个单位组织内部。

2）部署在部分单位组织内部。

3）部署在全部单位组织内部。

如果云端部署在多个单位组织，那么每个单位组织只部署云端的一部分，或者做灾备，如图4-3-3所示。

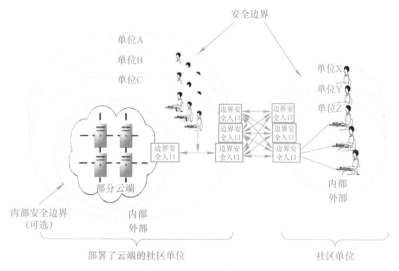

图4-3-3　本地社区云

当云端分散在多个单位组织时，社区云的访问策略就变得很复杂。如果社区云有N个单位组织，那么对于一个部署了云端的单位组织来说，就存在$N-1$个其他单位组织如何共享本地云资源的问题。换言之，就是如何控制资源的访问权限问题，常用的解决办法有"用户通过诸如XACML标准自主访问控制""遵循诸如'基于角色的访问控制'安全模型""基于属性访问控制"等。

除此之外，还必须统一用户身份管理，解决用户能否登录云端的问题。其实，以上两个问题就是常见的权限控制和身份验证问题，是大多数应用系统都会面临的问题。

类似于托管私有云，托管社区云也是把云端部署到第三方，只不过用户来自多个单位组织，所以托管方还必须制定切实可行的共享策略，如图4-3-4所示。

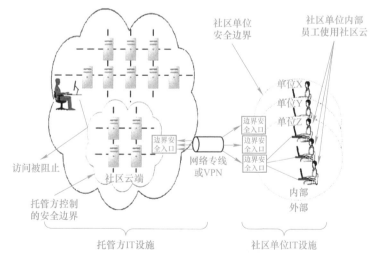

图4-3-4　托管社区云

（3）公共云

公共云的核心特征是云端资源面向社会大众开放，符合条件的任何个人或者单位组织都可以租赁并使用云端资源。公共云的管理比私有云的管理要复杂得多，尤其是安全防范，要求更高。

公共云的一些例子：深圳超算中心、亚马逊、微软的Azure、阿里云等。

（4）混合云

混合云是由两个或两个以上不同类型的云（私有云、社区云、公共云）组成的，它其实不是一种特定类型的单个云，其对外呈现出来的计算资源来自两个或两个以上的云，只不过增加了一个混合云管理层。云服务消费者通过混合云管理层租赁和使用资源，感觉就像在使用同一个云端的资源，其实内部被混合云管理层路由到真实的云端了，如图4-3-5所示。

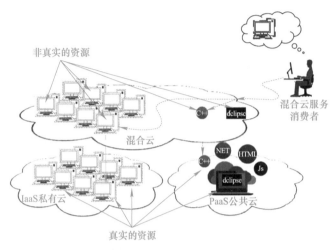

图4-3-5　混合云

由于私有云和社区云具有本地和托管两种类型，再加上公共云，共有5种类型，所以混合云的组合方式就有很多种了，如图4-3-6所示。

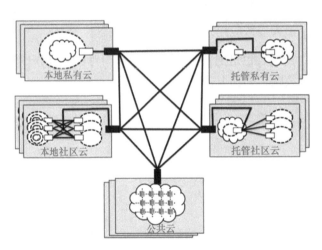

图4-3-6　混合云的组合方式

混合云属于多云这个大类，是多云大类中最主要的形式，而公/私混合云又是混合云中最主要的形式，因为它同时具备了公共云的资源规模和私有云的安全特征。从图4-3-7中可以看出，私有云和公共云构成的混合云占比达到55%。

2. 设备端模型部署

把深度学习模型训练好之后，想要基于深度学习模型来开发实际应用的时候，主要有3种不同的应用场景：移动端、桌面端和服务器端。

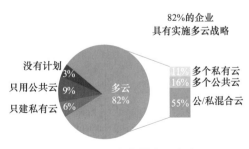

图4-3-7　公/私混合云占比

1）移动端：将模型封装成SDK给Android和iOS调用，由于移动端算力有限，因此通常还需要考虑基于移动端CPU或GPU框架的优化问题来提速。如果模型要求的算力比较大，就只能考虑以API的形式来调用了，这时候模型是部署在服务器上的。

2）桌面端：桌面应用主要包括Windows、Mac OS以及Linux，这时候还是需要将模型封装成SDK，然后提供接口来进行调用。Windows将模型封装成dll或lib库，Linux将模型封装成so或a库，Mac OS将模型封装为.a或.tbd库。

3）服务器端：服务器端模型的部署如果对并发量的要求不高，那么通常采用flask或tornado封装一个API接口来调用。但是这种方式有一个致命的缺点，就是能支持的并发量很低，可扩展性也不高，如果被攻击，那么服务器很容易崩溃。对于并发量要求高的应用，建议使用基于model server的服务框架。

3. 边缘AI

边缘AI实际上指的就是终端智能，即在硬件设备上本地处理的AI算法。边缘AI是融合网络、计算、存储、应用核心能力的开放平台，将AI部署在边缘设备上可以使智能更贴近用户，从而更快、更好地为用户提供智能服务。

随着终端设备的日益增长，海量的数据处理需要传送到云计算中心进行，这增大了系统的时延，同时对网络带宽带来了极大的压力。因此，实时性和带宽不足成为云端AI的两大劣势，为了带来更安全的应用体验及更低的成本，AI开始由云端向边缘端蔓延。

随着边缘算力的丰富，包括5G大规模铺开，越来越多的应用场景选择在边缘进行展开，但这并不代表云和边缘是两个互相对立的角色，相反，这两者是相辅相成、分工协同的。

云端有着非常强的算力，智能终端从技术和商业模式上来讲都是云端智能在边缘侧的一个延伸，是一个分布式的技术体现。

边缘AI最大的特点便是离客户更近，可为云端减少负载，节省带宽，提升反馈效率。另外，让终端数据留在终端，让云端去处理一些抽象、有共性的数据，从而保护隐私。但问题也随之而来，在终端设备受到连接问题、功耗及小型化的困扰下，芯片的面积、功耗、算力都不能够完整满足客户所有的需求，这时就需要云端AI芯片。

在分工协同的情况下，边缘侧会更加场景化，更加人性化，更加体现出它对于一些场景的理解和高效性，而云端芯片需要更加智能化，能够处理各种各样的业务。

要完成本任务，可以将实施步骤分成以下4步：

1）导入相关库。

2）加载RKNN模型。

3）RKNN模型推理测试。

4）使用线程进行实时目标检测。

1. 导入相关库

```
import cv2
import threading
from rknn.api import RKNN
from yolov5.rknn.yolov5_rknn_detect import *
```

2. 加载RKNN模型

步骤1 初始化RKNN SDK环境。

🌐 函数说明

```
rknn = RKNN(verbose=True, verbose_file=None)
```

功能：初始化RKNN SDK环境。

参数说明：

- verbose：指定是否要在屏幕上打印详细日志信息，默认为False，表示不打印。
- verbose_file：如果verbose参数值为True，那么调试信息会转储到指定文件路径，默认为None。

⌨ 动手练习❶ ▸

请根据提示补充代码。

- 请在<1>处填入相关代码，实例化RKNN对象，并使其能在屏幕打印日志信息，实例化结果没有报错即可。

```
rknn = <1>
```

完成填写后运行，初始化完成后若输出类似如下的结果，则说明填写正确。

```
W Verbose file path is invalid, debug info will not dump to file.
D Using CPPUTILS: False
```

步骤2 加载RKNN模型。

🌐 函数说明

```
ret = rknn.load_rknn(path, load_model_in_npu=False)
```

功能：加载RKNN模型。

返回值：0表示加载成功，-1表示加载失败。

参数说明：

- path：RKNN模型文件路径。
- load_model_in_npu：是否直接加载NPU中的RKNN模型。其中，path为RKNN模型在NPU中的路径。

动手练习❷

请根据提示补充代码。

● 请在<1>处填入需要载入的RKNN模型所在路径。

● 请在<2>处根据上方说明，调用函数载入RKNN模型，实现RKNN模型的加载。

```
RKNN_MODEL = <1>
print('--> Loading model')
ret = <2>
if ret != 0:
    print('Load rknn failed!')
    exit(ret)
print(ret)
```

完成填写后运行代码，若输出0，则参数设置正确。

步骤3　初始化运行时环境。在模型推理或性能评估之前，必须先初始化运行时环境，明确模型在的运行平台（具体的目标硬件平台或软件模拟器）及性能评估时是否启用debug模式，以获取更详细的性能信息等。

函数说明

$$ret = rknn.init\_runtime(target=None, device\_id=None, perf\_debug=$$
$$False, eval\_mem=False, async\_mode=False)$$

功能：初始化运行时环境。

返回值：0表示初始化运行时环境成功，−1表示失败。

参数说明：

● target：目标硬件平台，目前支持RK3399Pro、RK1806、RK1808、RV1109、RV1126。如果是开发板上直接运行，那么通常不写。

● device_id：设备编号，PC连接多台设备需要指定该参数，设备编号可以通过list_devices接口查看。如果是在开发板上运行，那么通常不写。

● perf_debug：进行性能评估时是否开启debug模式。在debug模式下，可以获取到每一层的运行时间，否则只能获取模型运行的总时间。

● eval_mem：是否进入内存评估模式。进入内存评估模式后，可以调用eval_memory接口获取模型运行时的内存使用情况。默认值为False。

● async_mode：是否使用异步模式。

动手练习❸

请根据提示补充代码。

● 请在<1>处调用RKNN的init_runtime( )方法初始化运行时环境。

```
print('--> Init runtime environment')
ret = <1>
if ret != 0:
    print('Init runtime environment failed')
    exit(ret)
print('done')
```

完成填写后运行代码，若输出done，则模型正确载入。

3. RKNN模型推理测试

步骤1　图像读取与图像数据预处理。读取图像并调整尺寸，转换颜色通道，OpenCV中的图像是以BGR形式存放的，但很多场景默认是RGB形式的图像，所以需要进行转换。

```
img_1 = cv2.imread('./yolov5/data/images/bus.jpg')
# 修改图像大小，返回处理后的图像、缩放比例，以及缩放后需要补充的宽和高
img, ratio, (dw, dh) = letterbox(img_1, new_shape=(IMG_SIZE, IMG_SIZE))
# 颜色通道BGR转换为RGB
img = cv2.cvtColor(img, cv2.COLOR_BGR2RGB)
```

步骤2　模型推理。

🌐 函数说明

$$rknn.inference(inputs, data\_type, data\_format, inputs\_pass\_through)$$

功能：进行模型推理。

参数说明：

● inputs：待推理的图片。

● data_type：输入数据的类型。

● data_format：数据模式，可以填以下值："nchw""nhwc"。默认值为"nhwc"。这两个值的不同之处在于channel放置的位置。

● inputs_pass_through：将输入透传给NPU驱动。

```
print('--> Running model')
outputs = rknn.inference(inputs=[img])
input_data = post_process(outputs)
boxes, classes, scores = yolov5_post_process(input_data) # 获取推理结果
```

步骤3　结果绘制及图像显示。在原始图像绘制检测结果，并显示绘制后的图像。

```
if boxes is not None:
    draw(img_1, boxes, scores, classes, dw, dh, ratio)
# 在notobook中显示
import ipywidgets as widgets                    # 导入Jupyter画图库
from IPython.display import display             # 导入Jupyter显示库
imgbox = widgets.Image()                        # 定义一个图像盒子，用于装载图像数据
```

```
display(imgbox)                          # 将盒子显示出来
imgbox.value = cv2.imencode('.jpg', img_1)[1].tobytes()
# 在边缘网关中显示
cv2.namedWindow('image_win',flags=cv2.WINDOW_NORMAL | cv2.WINDOW_KEEPRATIO | cv2.WINDOW_
GUI_EXPANDED)
cv2.setWindowProperty('image_win', cv2.WND_PROP_FULLSCREEN, cv2.WINDOW_FULLSCREEN) # 全屏展示
cv2.imshow('image_win',img_1)
cv2.waitKey(5000)
cv2.destroyAllWindows()
rknn.release()
```

4. 使用线程进行实时目标检测

步骤1　导入相关依赖包。

```
import cv2
import threading
from rknn.api import RKNN
from yolov5.rknn.yolov5_rknn_detect import *
RKNN_MODEL = './yolov5/rknn/models/yolov5n_demo.rknn'
```

步骤2　编写摄像头采集线程。结合上面的OpenCV采集图像的内容，利用多线程的方式串起来，形成一个可传参、可调用的通用类。这里定义了一个全局变量camera_img，用作存储获取的图片数据，以便其他线程可以调用。

● __init__()初始化函数。

实例化该线程的时候会自动执行初始化函数，在初始化函数里面打开摄像头，并设置分辨率。

● run()函数。

该函数在实例化后执行start()启动函数的时候会自动执行。在该函数里，实现了循环获取图像的内容。

```
class CameraThread(threading.Thread):
    def __init__(self, camera_id, camera_width, camera_height):
        threading.Thread.__init__(self)
        self.working = True
        self.running = False
        self.cap = cv2.VideoCapture(camera_id) # 打开摄像头
        self.cap.set(cv2.CAP_PROP_FRAME_WIDTH, camera_width)
        self.cap.set(cv2.CAP_PROP_FRAME_HEIGHT, camera_height)
    def run(self):
        self.running = True
        global camera_img
        camera_img = None
        while self.working:
            ret, camera_img = self.cap.read()
```

```
            self.running = False
        def stop(self):
            self.working = False
            while self.running:
                pass
            self.cap.release()
```

步骤3　编写目标检测线程。结合调用算法接口的内容和图像显示内容，利用多线程的方式整合起来循环识别，对摄像头采集线程中获取的每一帧图片进行识别并显示，形成视频流的画面。

● __init__( )初始化函数。

实例化该线程的时候会自动执行初始化函数，在初始化函数里面定义了显示内容，并加载目标检测模型。

● run( )函数。

该函数在实例化后执行start( )函数的时候会自动执行。该函数是一个循环，实现了对采集的每一帧图片进行算法识别，然后将结果绘制在图片上，并将处理后的图片显示出来。

```
class DetectThread(threading.Thread):
    def __init__(self):
        threading.Thread.__init__(self)
        self.working = True
        self.running = False
        self.rknn = RKNN(verbose=True)
        ret = self.rknn.load_rknn(RKNN_MODEL)
        ret = self.rknn.init_runtime(async_mode=True)
        cv2.namedWindow('win',flags=cv2.WINDOW_NORMAL | cv2.WINDOW_KEEPRATIO | cv2.WINDOW_GUI_EXPANDED)
        cv2.setWindowProperty('win', cv2.WND_PROP_FULLSCREEN, cv2.WINDOW_FULLSCREEN) # 全屏展示

    def run(self):
        self.running = True
        while self.working:
            try:
                img_1 = camera_img
                img, ratio, (dw, dh) = letterbox(img_1, new_shape=(IMG_SIZE, IMG_SIZE))
                img = cv2.cvtColor(img, cv2.COLOR_BGR2RGB)
                outputs = self.rknn.inference(inputs=[img])# Inference
                input_data = post_process(outputs)
                boxes, classes, scores = yolov5_post_process(input_data)
                if boxes is not None:
                    draw(img_1, boxes, scores, classes, dw, dh, ratio)
                cv2.imshow('win',img_1)
                cv2.waitKey(1)
```

```
        except Exception as e:
                pass
        self.running = False


    def stop(self):
        self.working = False
        while self.running:
            pass
        cv2.destroyAllWindows()# 销毁所有的窗口
        self.rknn.release()
```

步骤4　实例化线程。实例化两个线程，并启动这两个线程，实现完整的目标检测功能。

```
camera_th = CameraThread(0, 640, 480)
camera_th.start()
detect_th = DetectThread()
detect_th.start()
```

步骤5　停止线程。为了避免占用资源，需要停止摄像头采集线程和算法识别线程，或者重启内核。

```
camera_th.stop()
detect_th.stop()
```

本任务的主要内容是在边缘端对RKNN格式的模型进行测试，任务完成后可通过线程的方式实现边缘端实时目标检测。

通过本任务的学习，读者可对多线程的概念有更深入的了解，在实践中逐渐熟悉使用多线程进行实时目标检测的方法。该任务相关的知识技能小结的思维导图如图4-3-8所示。

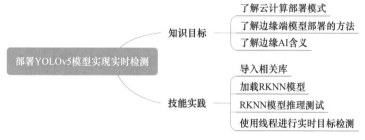

图4-3-8　思维导图

项目 ⑤

TFLite手掌检测模型部署

引 导案例

人与计算机的交互活动越来越成为人们日常生活的一个重要组成部分。随着计算机技术的迅猛发展，研究符合人机交流习惯的新颖人机交互技术变得异常活跃，也取得了可喜的进步。这些研究包括手势识别、面部表情识别、唇读、头部运动跟踪、凝视跟踪、人脸识别、体势识别等。总的来说，人机交互技术已经从以计算机为中心逐步转移到以人为中心，是多种媒体、多种模式的交互技术。

感知手的形状和运动的能力可能是改善跨各种技术领域和平台用户体验的重要组成部分，在人机交互场景中起到非常重要的作用，实际的应用场景如图5-0-1所示。

图5-0-1 手势识别应用场景

国内对手势识别的研究主要是由各大高校相关专业的学者和研究院的科研人员组织进行的。各大高校的学生以及教师配合进行研究，对手势识别的方法进行了大量的创新，现已经有多种手势识别的方法并投入具体的应用中，在为人类生活提供便捷的同时又能够促进科技的发展。例如，清华大学计算机系的一些学者就创新了手势识别的方法，提出了一种基于运动分割的帧间图像运动估计方法，指出可以通过运动、形状、颜色和纹理等特性对手势进行精确的检测。在该方法的实验过程中，对12种手势的识别率超过了90%。

本项目中采用的是Mediapipe训练好的TFLite格式模型。项目通过TFLite模型文件转换为RKNN模型文件、使用RKNN模型实现手掌检测、部署边缘端手掌检测应用3个任务，向读者介绍如何将TFLite模型转换为RKNN模型，使其具备在边缘计算平台上使用NPU资源进行图像目标检测和识别的功能，最后将转换好的模型部署在边缘端进行手掌检测。

任务1　TFLite模型文件转换为RKNN模型文件

知识目标

- 了解Mediapipe框架。
- 了解TensorFlow Lite。

能力目标

- 能够搭建模型转换环境。
- 能够将TFLite模型转换为RKNN模型。

素质目标

- 具有协同合作的团队镜像。
- 具有承担风险的责任精神。

任务描述与要求

任务描述：

本任务要求使用RKNN-Toolkit工具将TFLite格式手势识别和手掌检测模型转换成RKNN格式。

任务要求：

- 设置模型量化参数。
- 将TFLite模型转换成RKNN模型。
- 导出手势检测模型。

根据所学相关知识，制订完成本任务的实施计划，见表5-1-1。

表5-1-1　任务计划

项目名称	TFLite手掌检测模型部署
任务名称	TFLite模型文件转换为RKNN模型文件
计划方式	自我设计
计划要求	请用4个计划步骤来完整描述出如何完成本任务
序　号	任 务 计 划
1	
2	
3	
4	

知识储备

在本任务的知识储备中主要介绍：

1）Mediapipe简介。

2）TensorFlow Lite。

Mediapipe

1. Mediapipe简介

Mediapipe是一款由Google开发并开源的数据流处理机器学习应用开发框架。它是一个基于图的数据处理管线，用于构建多种形式的数据源，如视频、音频、传感器数据以及任何时间序列数据。Mediapipe是跨平台的，可以运行在嵌入式平台（树莓派）等移动设备（iOS和Android）、工作站和服务器上，并支持移动端GPU加速。Mediapipe由用于构建基于感官数据进行机器学习推理的框架、性能评估工具、可重用的推理和处理组件的集合3个主要部分组成。使用Mediapipe，可以将机器学习任务构建为一个图形的模块表示的数据流管道，可以包括推理模型和流媒体处理功能。

构建包含推理的应用程序所涉及的不仅是运行机器学习的推理模型，开发者还需要做到以下几点：

● 利用各种设备的功能。

● 平衡设备资源使用和推理结果的质量。

● 通过流水线并行运行多个操作。

● 确保时间序列数据同步正确。

Mediapipe框架解决了这些挑战，开发者可以使用它轻松快速地将现有的或新的机器学习模型组合到以图表示的原型中，并将其跨平台实现。开发人员可以配置使用Mediapipe创建的应用程序：

● 有效管理资源（CPU和GPU），达到低延迟性能。

● 处理诸如音频和视频帧之类的时间序列数据的同步。

● 测量性能和资源消耗。

例如，在增强现实（AR）的应用程序中，为了增强用户体验，程序会用高帧频处理诸如视频和音频之类的感官数据。由于处理过程的过度耦合和低延时要求，很难按照常规应用程序的开发方式协调数据处理步骤和推理模型。此外，为不同平台开发同样的应用程序也非常耗时，它通常涉及优化推理和处理步骤以便在目标设备上正确高效地运行。

Mediapipe通过将各个感知模型抽象为模块并将其连接到可维护的图中来解决这些问题。借助Mediapipe，可以将数据流处理管道构建为模块化组件图，包括推理处理模型和媒体处理功能。将视频和音频流数据输入图中，通过各个功能模块构建的图模型管道处理这些数据，如物体检测或人脸点标注等，最后结果数据从图输出。

这些功能使开发者可以专注于算法或模型开发，并使用Mediapipe作为迭代改进其应用程序的环境，其结果可在不同的设备和平台上重现。除了上述特性，Mediapipe还支持TensorFlow和TF Lite的推理引擎，任何TensorFlow和TF Lite的模型都可以在Mediapipe上使用。同时，在移动端和嵌入式平台，Mediapipe也支持设备本身的GPU加速。

2. TensorFlow Lite

（1）TensorFlow Lite简介

TensorFlow Lite是为了解决TensorFlow在移动平台和嵌入式端过于臃肿而定制开发的轻量级解决方案，是与TensorFlow完全独立的两个项目，与TensorFlow基本没有代码共享。

TensorFlow本身是为桌面和服务器端设计开发的，没有为ARM移动平台定制优化，因此如果直接用在移动平台或者嵌入式端会"水土不服"。TensorFlow Lite则实现了低能耗、低延迟的移动平台机器学习框架，并且使得编译之后的二进制发布版本更小。

TensorFlow Lite不仅支持传统的ARM加速，还为Android Neural Networks API提供了支持，在支持ANN的设备上能提供更好的性能表现。

TensorFlow Lite不仅使用了ARM Neon指令集加速，还预置了激活函数，提供了量化功能，加快了执行速度，减小了模型大小。

（2）TensorFlow Lite特性

TensorFlow Lite有许多特性，这些特性使它在移动平台有非常良好的表现。下面简单归纳一下TensorFlow Lite的特性：

● 支持一整套核心算子。所有算子都支持浮点输入和量化数据，这些核心算子是为移动平台单独优化定制的。这些算子还包括预置的激活函数，可以提高移动平台的计算性能，同时确保量化后计算的精确度。可以使用这些算子创建并执行自定义的模型，如果模型中需要一些特殊的算子，那么也可以编写自己定制的算子来实现。

● 为移动平台定义了一种新的模型文件格式。这种格式是基于FlatBuffers的。FlatBuffers是一种高性能的开源跨平台序列化库，非常类似于Protobuf，但这两者之间的最大区别就是FlatBuffers不需要在访问数据前对数据进行任何解析或者接报（对应于Protobuf的压缩机制），因为FlatBuffers的数据格式一般是与内存对齐的。另外，FlatBuffers的代码也比Protobuf更小，更有利于移动平台集成使用。因此，TensorFlow Lite和TensorFlow的模型文件格式是不同的。

● 提供了一种为移动平台优化的网络解释器。这使整个代码变得更加精简、快速。这种解释器的优化思路是使用静态的图路径，加快运行时的决策速度，同时自定义内存分配器，减少动态内存分配，减少模型加载和初始化的时间及资源消耗，同时提高执行速度。

- 提供了硬件加速接口。一种是传统的ARM指令集加速，一种是Android Neural Networks API。如果目标设备是运行Android 8.1（API 27）及更高版本的系统，就可以使用Android自带加速API加快整体执行速度。

- 提供了模型转换工具。可以将TensorFlow生成的训练模型转换成TensorFlow Lite的模型。这样就解决了TensorFlow和TensorFlow Lite模型格式不同的问题。

- 编译后的二进制体积非常小。使用ARM Clang，在优化设置为O3的条件下，整个库编译之后小于300KB，基本能满足目前大部分深度学习网络所需要的算子。

- 同时提供Java和C++ API，便于在Android App和嵌入式应用中集成TensorFlow Lite。

（3）TensorFlow Lite架构

如果想要理解TensorFlow Lite是如何实现上述特性的，那么必须先了解TensorFlow Lite的架构设计。TensorFlow Lite的架构图如图5-1-1所示。可以用这样的方式理解TensorFlow Lite与TensorFlow的差异，首先需要训练一个TensorFlow的模型文件，然后使用TensorFlow Lite的模型转换器将TensorFlow模式转换为TensorFlow Lite的模型文件（.tflite格式），接着可以在移动应用里使用转换好的文件。

用户可以在Android和iOS上使用TensorFlow Lite，通过TensorFlow Lite加载转换好的.tflite模型文件。

TensorFlow Lite提供了下列调用方式：

- Java API。Android上基于C++ API封装的Java API，便于Android App的应用层直接调用。

- C++ API。可以用于装载TensorFlow Lite模型文件，构造调用解释器。Android和iOS平台都可以使用该API。

- 解释器。负责执行模型并根据网络结构调用算子的核算法。核算法的加载是可选择的。如果不使用加速的核算法，那么只需要100KB的空间；如果链接了所有的加速核算法，那么也只有300KB，整体体积是非常小的。在部分Android设备上，解释器会直接调用Android Neural Networks API实现硬件加速。

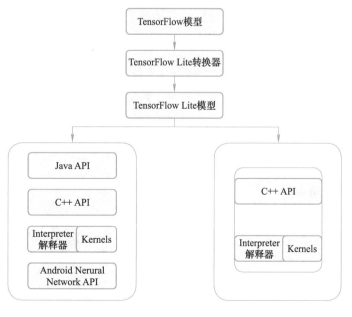

图5-1-1　TensorFlow Lite架构图

要完成本任务，可以将实施步骤分成以下4步：

1）搭建环境。

2）手势识别模型转换。

3）手掌检测模型转换。

4）确认RKNN模型是否转换成功。

1. 搭建环境

- rknn_toolkit==1.7.1

- certifi==2021.10.8

- tensorflow==2.1

如果开发板已内置依赖库，则无须安装。如果无内置，则在终端执行以下命令进行安装。

```
python3 -m pip install thirdparty/rknn_toolkit-1.7.1-cp36-cp36m-linux_x86_64.whl certifi==2021.10.8
tensorflow==2.1 --ignore-installed -i https://pypi.tuna.tsinghua.edu.cn/simple
```

2. 手势识别模型转换

步骤1 导入依赖库。

```
from rknn.api import RKNN
```

步骤2 实例化RKNN对象。

🌐 函数说明

```
rknn = RKNN(verbose=True, verbose_file=None)
```

功能：初始化RKNN SDK环境。

参数说明：

- verbose：是否要在屏幕上打印详细日志信息，默认为False，表示不打印。

- verbose_file：如果verbose参数值为True，那么调试信息转储到指定文件路径，默认为None。

```
rknn = RKNN(verbose=True)
```

步骤3 设置模型预处理参数。

🌐 函数说明

```
rknn.config(reorder_channel = '0 1 2',mean_values = [[0, 0, 0]],std_values = [[255, 255, 255]],
optimization_level = 3,target_platform = 'rk3399pro',output_optimize = 1,quantize_input_node = True)
```

功能：调用config接口，设置模型的预处理参数。

返回值：0表示设置成功，−1表示设置失败。

参数说明：

- reorder_channel：是否需要对图像通道顺序进行调整。

- mean_values：输入的均值。

- std_values：输入的"归一化"值。

- optimization_level：模型优化等级。

- target_platform：指定RKNN模型是基于哪个目标芯片平台生成的。目前支持RK1806、RK1808、RK3399Pro、RV1109和RV1126。该参数的值大小写不敏感。

- output_optimize：优化获取输出时间，默认为0。

- quantize_input_node：开启后无论模型是否量化，均强制对模型的输入节点进行量化。

⌨ 动手练习❶

请根据提示补充代码。

- 请在<1>处填写适当的值，使得3个通道减去该值后的区间为[−127.5, 127.5]。

- 请在<2>处选择适当的值，使归一化后的区间为[−1, 1]。

- 请在<3>处补充代码，将图片的通道顺序转换为BGR。

- 请在<4>处根据目标平台所使用的芯片RK3399Pro，填入正确的数值。

rknn.config(mean_values=[[<1>]], std_values=[[<2>]],reorder_channel=<3>,target_platform=<4>, output_optimize=1)

完成填写后运行代码，若输出0，则参数设置正确。

步骤4 加载原始模型。

🌐 函数说明

```
ret = rknn.load_tflite(model)
```

功能：加载原始的tflite模型。

返回值：0表示导入成功，−1表示导入失败。

参数说明：

- model：tflite模型文件（.tflite为扩展名）所在的路径。

⌨ 动手练习❷ ▽

请根据提示补充代码。

● 请在<1>处调用正确的方法，加载TFLite模型到RKNN-ToolKit中。

rknn.<1>(model='./models/hand_landmark.tflite')

完成填写后运行代码以加载模型，加载完成后，若输出0，则说明填写正确。

步骤5 构建RKNN模型。

⊕ 函数说明

ret = rknn.build(do_quantization=True,dataset,pre_compile=False, rknn_batch_size=1)

功能：构建RKNN模型。

返回值：0表示构建成功，-1表示构建失败。

参数说明：

● do_quantization：是否对模型进行量化，值为True或False。

● dataset：量化校正数据的数据集。目前支持文本文件格式，用户可以把用于校正的图片（jpg 或png格式）或.npy文件路径放到一个.txt文件中。

● pre_compile：模型预编译开关。

● rknn_batch_size：模型的输入Batch参数调整，默认值为1。

⌨ 动手练习❸ ▽

请根据提示补充代码。

● 请在<1>处打开模型量化开关，启用模型量化操作。

rknn.build(<1>, dataset='./images/dataset.txt')

完成填写后运行代码以构建RKNN模型，构建完成后，若输出0，则参数设置正确。

步骤6 导出RKNN模型。

⊕ 函数说明

ret = rknn.export_rknn(export_path)

功能：导出RKNN模型。

返回值：0表示导出成功，-1表示导出失败。

参数说明：

● export_path：导出模型文件的路径。

动手练习❹

请根据提示补充代码。

● 请在<1>处调用正确的方法，导出RKNN模型。

rknn.<1>('./models/hand_landmarku8.rknn')

完成填写后运行代码以导出RKNN模型，导出完成后，可参照步骤4进行验证，确认RKNN模型是否成功导出。

步骤7 释放RKNN对象。不再使用RKNN对象时，需要调用release()方法进行释放。

```
# 释放RKNN对象
rknn.release()
```

3. 手掌检测模型转换

```
from rknn.api import RKNN
rknn = RKNN(verbose=True)
rknn.config(mean_values=[[127.5, 127.5, 127.5]], std_values=[[127.5, 127.5, 127.5]],reorder_channel='2 1 0', target_platform='rk3399pro', output_optimize=1)
rknn.load_tflite(model='./models/palm_detection_without_custom_op.tflite')
rknn.build(do_quantization=True,dataset='./images/dataset.txt')
rknn.export_rknn('./models/palm_detectionu8.rknn')
rknn.release()
```

4. 确认RKNN模型是否转换成功

```
!ls -al models/*.rknn
```

模型查看结果如图5-1-2所示。

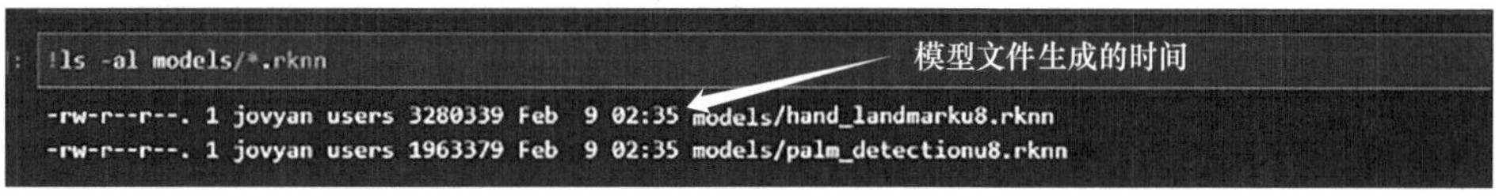

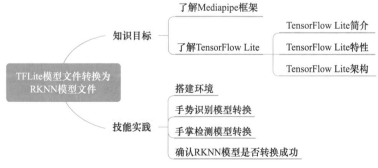

图5-1-2 模型查看结果

任务小结

本任务的主要内容是搭建RKNN模型转换的环境，配置模型量化和模型转换的相关参数，并对手势识别和手掌检测模型进行转换。

通过本任务的学习，读者可对模型转换以及RKNN的基本知识和概念有更深入的了解，在实践中逐渐熟悉模型转换的基础操作方法。该任务相关的知识技能小结的思维导图如图5-1-3所示。

图5-1-3 思维导图

任务2　　　使用RKNN模型实现手掌检测

知识目标

- 了解手掌关键点。
- 了解非极大值抑制。

能力目标

- 能够掌握RKNN模型的加载和使用。
- 能够使用RKNN模型检测手掌。

素质目标

- 具有思维灵活、处理和分析信息的能力。
- 具有好奇心、想象力、创新能力。

任务描述与要求 ◀

任务描述：

本任务要求使用转换后的RKNN模型对手掌进行目标检测和识别，并绘制手掌轮廓。

任务要求：

- 读取一张图片，并对图片尺寸进行填充调整。
- 加载RKNN模型，输入图片进行手掌检测。

任务分析与计划 ◀

根据所学相关知识，制订完成本任务的实施计划，见表5-2-1。

表5-2-1　任务计划

项目名称	TFLite手掌检测模型部署
任务名称	使用RKNN模型实现手掌检测
计划方式	自主设计
计划要求	请用6个计划步骤来完整描述出如何完成本任务

序　号	任　务　计　划
1	
2	
3	
4	
5	
6	

知识储备◀

在本任务的知识储备中主要介绍：

1）手掌关键点。

2）非极大值抑制。

非极大值抑制

1. 手掌关键点

　　手掌关键点是指手掌中的各个关节点，如图5-2-1所示。手掌关键点检测，旨在找出给定图片中手指上的关节点及指尖关节点，其类似于面部关键点检测和人体关键点检测。手掌关键点检测的应用场景包括手势识别、手语识别与理解、手部的行为识别等。模型检测效果如图5-2-2所示。

　　现有技术中，手掌关键点检测最常用的方法是使用深度卷积神经网络，通过深度卷积神经网络输出手掌关键点的三维坐标，例如，使用包含多个卷积层和全连接层的深度卷积神经网络提取二维手掌图像的图像特征后，通过全连接层回归手掌关键点的三维坐标。此种方式的深度卷积神经网络复杂、数据计算量大，然而受限于移动终端的计算能力，上述通过深度卷积神经网络直接回归手掌关键点三维坐标的方式应用于移动终端后，计算时间长，难以通过移动终端实时地检测手掌关键点，限制了手势识别在移动终端的应用。

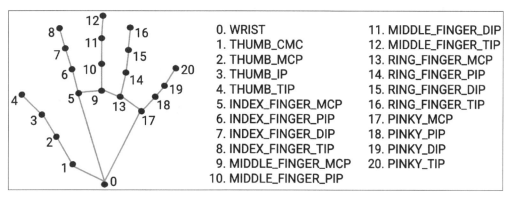

图5-2-1　手掌的21个关键点

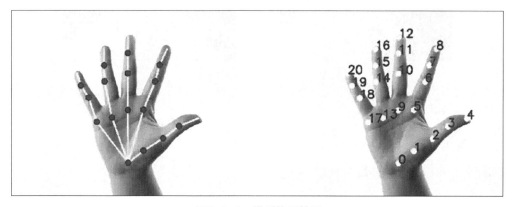

图5-2-2　模型检测效果

2. 非极大值抑制

　　非极大值抑制简称为NMS算法，英文为Non-Maximum Suppression。其思想是搜索局部最大值，抑制非极大值。NMS算法在不同应用中的具体实现不太一样，但思想是一样的。非极大值抑制在计算机视觉任务中得到了广泛的应用，如边缘检测、人脸检测、目标检测（DPM、YOLO、SSD、Faster R-CNN）等。

非极大值抑制的流程如下：

前提：目标检测框列表及其对应的置信度得分列表，设定阈值，阈值用来删除重叠较大的检测框。

IOU：intersection-over-union，即两个检测框的交集部分除以它们的并集。

- 根据置信度得分进行排序。

- 选择置信度最高的目标检测框，添加到最终输出列表中，将其从检测框列表中删除。

- 计算所有检测框的面积。

- 计算置信度最高的检测框与其他候选框的IOU。

- 删除IOU大于阈值的检测框。

- 重复上述过程，直至检测框列表为空。

以目标检测为例：在目标检测的过程中，在同一目标的位置上会产生大量的候选框，这些候选框相互之间可能会有重叠，此时需要利用非极大值抑制找到最佳的目标检测框，消除冗余的边界框。如图5-2-3所示，左图是人脸检测的候选框结果，每个边界框都有一个置信度得分（Confidence Score），如果不使用非极大值抑制，就会有多个候选框出现；右图是使用非极大值抑制之后的结果，符合人脸检测的预期结果。

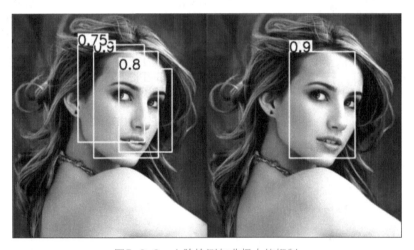

图5-2-3　人脸检测与非极大值抑制

要完成本任务，可以将实施步骤分成以下两步：

1）搭建环境。

2）加载与检测RKNN模型。

1. 搭建环境

- rknn_toolkit==1.7.1

- opencv-python==4.5.5.62

- certifi==2021.10.8

- matplotlib==3.1.0

- pillow==5.3.0

如果开发板已内置依赖库，则无须安装。如果无内置，则在终端执行以下命令进行安装。

python3 -m pip install opencv-python==4.5.5.62 scipy==1.4.1 certifi==2021.10.8 matplotlib==3.1.0 pillow==5.3.0 thirdparty/rknn_toolkit-1.7.1-cp36-cp36m-linux_x86_64.whl --ignore-installed -i https://pypi.tuna.tsinghua.edu.cn/simple

2. 加载与检测RKNN模型

步骤1 导入依赖包。

```
import cv2,csv
import numpy as np
from matplotlib import pyplot as plt
from PIL import Image
from rknn.api import RKNN
from src.misc import non_max_suppression_fast, _get_hand_source_points, _coordinate_affine, _draw_palm,
printSoursePoints, printDetectedPoints, printDetectedTangle, printAllTureIndex, printAllAnchorsTangle
```

步骤2 图片加载。

```
frame = cv2.imread('./images/liuxiang.jpg')
im2 = cv2.cvtColor(frame, cv2.COLOR_BGR2RGB)
plt.imshow(im2)
```

步骤3 定义RKNN模型载入函数。

动手练习❶

请根据提示初始化运行时环境。

- 请在<1>处设置性能评估时启动debug模式。

- 请在<2>处设置使用内存评估模式。

```
def load_model(model_name):

    rknn = RKNN( )

    ret = <1>

    ret = <2>

    return rknn
```

步骤4 加载RKNN模型。

⌨ 动手练习❷ ▸

● 请在<1>处编写代码，读取./models/anchors.csv锚点文件中的内容到anchors数组中。

palm_model = "models/palm_detectionu8.rknn"

interp_palm_rknn = load_model(palm_model) #手掌检测模型加载joint_model = "models/hand_landmarku8.rknn"

interp_joint_rknn = load_model(joint_model) #手掌关键点检测模型加载

#读取锚点文件

anchors_path = <1>

with open(anchors_path, "r") as csv_f:

    anchors = np.r_[[x for x in csv.reader(csv_f, quoting=csv.QUOTE_NONNUMERIC)]]

print(anchors)

完成填写后运行代码，若输出信息，则填写正确。

```
[array([[[[-5.22232175e-01,  7.74860382e-07, -4.17785585e-01, ...,
           5.22233725e-01, -4.17785585e-01,  7.74860382e-07],
         [ 7.74860382e-07, -2.08892405e-01, -9.40018535e-01, ...,
           7.31126904e-01, -9.40018535e-01, -1.04445815e-01],
         [ 7.74860382e-07, -1.04445815e-01, -7.31125355e-01, ...,
           8.35573494e-01, -2.08892405e-01, -1.04445815e-01],
         ...,
```

步骤5 输入图片预处理。为原图的边缘进行数值填充，使图片变为正方形，缩放图片为256×256像素，将图片存储空间保存为地址连续空间。

🌐 函数说明

np.pad(array, pad_width, mode, **kwargs)

功能：为数组的边缘进行数值填充。

返回值：填充后的数组。

参数说明：

● array：需要填充的数组。

● pad_width：每个轴（Axis）边缘需要填充的数值数目。参数输入方式为（(before_1, after_1), …, (before_N, after_N)），其中(before_1, after_1)表示第1轴两边缘分别填充before_1个和after_1个数值。取值为{sequence, array_like, int}。

● mode：填充的方式（取值：str字符串或用户提供的函数），总共有以下10种填充模式。

  ■ constant：连续填充相同的值，每个轴都可以分别指定填充值，constant_values=（x, y）时前面用x填充，后面用y填充，默认填充0。

  ■ edge：用边缘值填充。

  ■ linear_ramp：用边缘递减的方式填充。

- maximum：最大值填充。

- mean：均值填充。

- median：中位数填充。

- minimum：最小值填充。

- reflect：反射填充。

- symmetric：对称填充。

- wrap：用原数组后面的值填充前面，用前面的值填充后面。

$$cv2.resize(src, dsize[, dst[, fx[, fy[, interpolation]]]])$$

功能：改变图像大小。

参数说明：

- src：原图像。

- dsize：输出图像所需大小。

- fx：沿水平轴的比例因子。

- fy：沿垂直轴的比例因子。

- interpolation：插值方式。

⌨ 动手练习❸

- 请在<1>处填写np.pad( )函数的pad_width参数，上一行中的pad变量是二维数组，存储了行与列padding的值。

- 请在<2>处使用cv2.resiz( )函数缩放图片到256×256像素。

```
shape = np.r_[frame.shape]

pad = (shape.max( ) − shape[:2]).astype('uint32') // 2

img_pad = np.pad(frame,
    <1>, (0, 0)),
    mode='constant')

img_small = cv2.resize(img_pad, <2>)

img_small = np.ascontiguousarray(img_small)

cv2.imwrite("output/palm_img_preprocess.jpg", img_small)

frame_palm = Image.open('./output/palm_img_preprocess.jpg')

plt.imshow(frame_palm)
```

完成填写后运行代码，若输出的图像为正方形，则填写正确。

步骤6 手掌目标检测。

⌨ 动手练习❹ ▶

● 请在<1>处补全判断语句，判断输入图像归一化范围为0~255。

● 请在<2>处判断输入img_small图像的shape为256×256×3。

● 请在<3>处使用RKNN模型的inference()函数进行预测，输入为img_small。

```
assert 0 <= img_small.min( ) and img_small.max( ) <= <1>, "img_small should be in range [0, 255]"

assert img_small.shape == <2>, "img_small shape must be (256, 256, 3)"

outputs = interp_palm_rknn.<3>(inputs=[img_small[None]])

out_reg = outputs[0][0]

print("out_reg=",out_reg)

out_clf = outputs[1][0, :, 0]

print("out_clf=",out_clf)
```

完成填写后运行代码，若输出以下内容，则填写正确。

```
out_reg= [[  2.048594    5.1214848   24.583128   ...    8.194376    9.218673
      9.218673 ]
 [  1.024297    6.145782    26.631721   ...  10.2429695  10.2429695
```

步骤7 模型置信度计算。将模型输出结果out_clf转换为概率，标记所有置信度大于0.5的位置。

⌨ 动手练习❺ ▶

● 请将<1>处的变量probabilities数组保存为detecion_mask，使在变量probabilities中数值大于0.5阈值的项均保存为true，否则保存为false。

```
# 全部锚点的置信度输出，转换成概率

probabilities = 1 / (1 + np.exp(-out_clf))

print("以第0个结果为例：整数值",out_clf[0],"，转概率值", probabilities[0])

# 将置信度大于0.5的结果索引设置为true

detecion_mask = probabilities > <1>

printAllTureIndex(detecion_mask)
```

完成填写后运行代码，若输出1487 1489 1549 1550 1551 1552 1553 1614 1615 1617，则填写正确。

步骤8 获得置信度满足要求的手掌识别结果。执行成功后，打印N×18尺寸的数组，每一个18长度的子项均表示一个置信度大于0.5的识别结果。

```
candidate_detect = out_reg[detecion_mask]
print(candidate_detect)
```

步骤9 获得置信度满足要求的锚点位置信息。执行成功后，打印N×4尺寸的数组，每一个4长度的子项均表示一个置信度大于0.5的锚点信息。

```
candidate_anchors = anchors[detecion_mask]
print(candidate_anchors)
```

步骤10 获得置信度满足要求的置信度实际数值。执行成功后，返回一系列置信度大于0.5的置信度集合。

```
probabilitiesUsable = probabilities[detecion_mask]
print(probabilitiesUsable)
```

步骤11 获得所有置信度大于0.5的预选框信息。执行成功后会在原图打印一系列预选框位置信息，如图5-2-4所示。

```
# 深拷贝置信度大于0.5的全部检测结果
moved_candidate_detect = candidate_detect.copy()
# 合并边界框和对应锚点的起始坐标，生成锚框
moved_candidate_detect[:, :2] = candidate_detect[:, :2] + (candidate_anchors[:, :2] * 256)
boxes = moved_candidate_detect[:, :4]
img_small_tmp = img_small.copy()
printAllAnchorsTangle(img_small_tmp, boxes)
cv2.imwrite("output/palm_img_anchors.jpg", img_small_tmp)
frame_palm = Image.open('./output/palm_img_anchors.jpg')
plt.imshow(frame_palm)
```

图5-2-4 一系列预选框位置信息

步骤12 使用非极大值抑制，得出最终手掌所在的位置。

⌨ 动手练习⑥

● 请在<1>处补充代码，对candidate_detect.shape[0]进行判断，当没检测到手掌时退出程序。

如果candidate_detect的shape为0，则说明置信度均小于0.5，未发现手掌

```
if candidate_detect.shape[0] == <1>:

    print("No hands found")

    exit()

# 使用非极大值抑制函数合并多个识别的锚框，取其中置信度最大的坐标信息

box_ids = non_max_suppression_fast(boxes, candidate_anchors, probabilitiesUsable)

# 如果box_ids不为空，则使用其中的第一个检测结果

if len(box_ids) > 0:

    box_ids1 = box_ids[0]

else:

    exit()

img_small_tmp = img_small.copy()

printDetectedTangle(img_small_tmp, boxes, box_ids1)

cv2.imwrite("output/palm_img_detected.jpg", img_small_tmp)

frame_palm = Image.open('./output/palm_img_detected.jpg')

plt.imshow(frame_palm)
```

完成填写后运行代码，若输出下图，则填写正确。

步骤13　在原图中打印手掌检测的最终结果。使用非极大值抑制来确定最佳输出，打印该结果下手掌目标检测的7个关键点坐标，如图5-2-5所示。

```
printDetectedPoints(img_small_tmp, candidate_detect, box_ids1, candidate_anchors)

cv2.imwrite("output/palm_img_mark.jpg", img_small_tmp)

frame_palm = Image.open('./output/palm_img_mark.jpg')

plt.imshow(frame_palm)
```

图5-2-5　7个关键点检测结果

步骤14　获得手掌的精确范围和方向。基于上一步骤得到的手掌检测结果，通过如下步骤计算手掌反射变换所需要的3个点的坐标source，如图5-2-6所示。第1步：使用0和2坐标可以得到左图0指向2的向量；第2步：将向量乘以1.5并加上掌心2点的坐标，可以得到右图方向一致、大小为原来1.5倍的向上向量，并得到此向量终点的坐标；第3步：将第2步得到的向量做90°逆时针旋转，可以得到右图中指向左侧的向量，并得到此向量终点的坐标。

图5-2-6　手掌精确范围和方向

source=_get_hand_source_points(box_ids1, candidate_detect, candidate_anchors)

print(source)

#在原图中打印source坐标点

img_small_tmp = img_small.copy( )

printSoursePoints(img_small_tmp, source)

cv2.imwrite("output/palm_img_soures.jpg", img_small_tmp)

frame_palm = Image.open('./output/palm_img_soures.jpg')

plt.imshow(frame_palm)

步骤15　截取检测到的手掌图片并展示。

⌨ 动手练习**7** ▷

● 请在<1>处补充代码，_target_triangle为右图的3点坐标，截取后的图片大小为256×256，左上角为坐标原点，其中，1为图片中心，2为宽度中点，3为高度中点，请填入此3点坐标。格式如下：[x1, y1]、[x2, y2]、[x3, y3]。

```
# 手掌截图仿射转换的3点坐标
_target_triangle = np.float32([<1>])
# 获得原图和识别图片的缩放比
scale = max(frame.shape) / 256
#获取仿射变换的原矩阵和目标矩阵的转置矩阵
Mtr = cv2.getAffineTransform(source * scale,_target_triangle)
#对原图执行仿射变换，得到手掌的目标检测结果
img_landmark = cv2.warpAffine(img_pad, Mtr, (256, 256))
#保存并展示检测到的手掌图片
cv2.imwrite("output/palm_detected_rknn.jpg", img_landmark)
frame_palm = Image.open('./output/palm_detected_rknn.jpg')
plt.imshow(frame_palm)
```

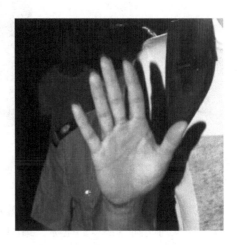

完成填写后运行代码，若输出右图，则填写正确。

步骤16 检测手掌的指关节坐标。检测并绘制手掌的21个坐标点，检测结果如图5-2-7所示。

```
# 手掌关节点预测，由于RKNN的量化类型是asymmetric_quantized-u8，此处直接使用手掌检测的输出图片进行预测
outputs = interp_joint_rknn.inference(inputs=[img_landmark.reshape(1, 256, 256, 3)])
joints = outputs[0]
joints = joints.reshape(-1, 2)
# 得到的points为21个关键点在原图中的坐标，joints为21个关键点在手掌目标检测结果图片中的坐标，Mtr为原图到
目标图片的转置矩阵，pad为原图填补的大小
points = _coordinate_affine(joints, Mtr, pad)
# 手掌轮廓绘制函数中，frame为输入图像，points为检测到的21个关节的坐标
_draw_palm(frame, points)
cv2.imwrite("output/liuxiang_palm_rknn.png", frame)
frame2 = cv2.imread('./output/liuxiang_palm_rknn.png')
frame2 = cv2.cvtColor(frame2, cv2.COLOR_BGR2RGB)
plt.imshow(frame2)
```

图5-2-7 21个关键点检测结果

本任务主要介绍了手掌关键点和非极大值抑制原理，实验方面使用转换后的RKNN模型对手掌进行目标检测和识别，并绘制手掌轮廓。

通过本任务的学习，读者可对手掌检测以及RKNN的基本知识和概念有更深入的了解，在实践中逐渐熟悉模型转换的基础操作方法。该任务相关的知识技能小结的思维导图如图5-2-8所示。

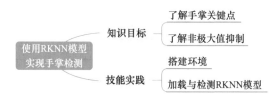

图5-2-8　思维导图

任务3　部署边缘端手掌检测应用

知识目标

- 了解手势识别原理。
- 了解Mediapipe Hands。

能力目标

- 能够使用Linux指令进行模型部署操作。
- 能够掌握边缘端手掌检测应用的部署和运行。

素质目标

- 具有参考事实和意见及选择合适方案的能力。
- 具有按时完成任务的能力。

任务描述与要求

任务描述：

本任务要求将转换好的模型和实时手掌检测工程打包，部署到边缘计算平台上运行，实际体验在嵌入式AI设备上使用NPU进行模型预测的流畅程度。

任务要求：

- 加载RKNN模型并初始化运行环境。

- 使用RKNN模型进行模型推理。

- 使用线程进行实时目标检测。

 **任务分析与计划**

根据所学相关知识，制订完成本任务的实施计划，见表5-3-1。

表5-3-1 任务计划

项目名称	TFLite手掌检测模型部署
任务名称	部署边缘端手掌检测应用
计划方式	自主设计
计划要求	请用5个计划步骤来完整描述出如何完成本任务
序　　号	任务计划
1	
2	
3	
4	
5	

 知识储备

在本任务的知识储备中主要介绍：

1）手势识别。

2）Mediapipe Hands。

1. 手势识别

手势识别是将模型参数空间里的轨迹（或点）分类到该空间里某个子集的过程，其包括静态手势识别和动态手势识别，动态手势识别最终可转换为静态手势识别。从手势识别的技术实现来看，常见的手势识别方法主要有模板匹配法、神经网络法和隐马尔可夫模型法。

模板匹配法是将手势的动作看成一个由静态手势图像所组成的序列，然后将待识别的手势模板序列与已知的手势模板序列进行比较，从而识别出手势。

神经网络法在静态手势的识别中应用较多，其特点为抗干扰、自组织、自学习和抗噪声能力强，可处理不完整的模式并进行模式推广，但对时间序列的处理能力不强，因此在静态手势的识别中使用较多，不用于动态手势的识别。

隐马尔可夫模型法是一种统计模型，用隐马尔可夫建模的系统具有双重随机过程，其包括状态转移和观察值输出的随机过程。其中，状态转移的随机过程是隐性的，其通过观察序列的随机过程所表现。

手势识别作为人机交互的重要组成部分，其研究发展影响着人机交互的自然性和灵活性。目前，大多数研究者均将注意力集中在手势的最终识别方面，通常会将手势背景简化，并在单一背景下利用所研究的算法将手势进行分割，然后采用常用的识别方法将手势表达的含义通过系统分析出来。但在现实应用中，手势通常处于复杂的环境下，如光线过亮或过暗，有较多手势，手势距采集设备的距离不同等。这些方面的难题目前尚未得到解决，且将来也难以解决 因此需要研究人员就目前所预想到的难题在特定环境下加以解决，进而通过多种方法的结合来实现适于不同复杂环境下的手势识别，由此对手势识别研究及未来人性化的人机交互做出贡献。

2. Mediapipe Hands

Mediapipe Hands是一种高保真手部和手指跟踪的解决方案。它采用机器学习从单个帧推断出一只手的21个3D地标，并且在手机上实现了实时性能，甚至可以扩展到多只手。

为了检测初始手部位置，设计了一种针对移动实时使用而优化的单次检测器模型，其方式类似于Mediapipe Face Mesh中的人脸检测模型。检测手部是一项非常复杂的任务：模型必须在各种手部尺寸上工作，相对于图像帧具有较大的比例跨度（约20倍），并且能够检测遮挡的手。虽然人脸具有高对比度的图案，例如在眼睛和嘴巴区域，但手部缺乏这些特征，使得仅从视觉特征可靠地检测它们相对困难。相反，提供额外的上下文（如手臂、身体或人物特征）有助于准确地进行手部定位。

Mediapipe Hands使用不同的策略来解决上述挑战。首先，训练手掌探测器而不是手部探测器，因为估计手掌和拳头等刚性物体的边界框比用关节手指检测手要简单得多。此外，由于手掌是较小的对象，因此非极大抑制算法即使在双手自闭塞的情况下（如握手）也能很好地工作。此外，可以使用方形边界框（ML术语中的锚点）对手掌进行建模，忽略其他纵横比，从而将锚点的数量减少到原来的1/5～1/3。其次，编码器—解码器特征提取器用于更大的场景上下文感知，即使对于小对象也是如此（类似于RetinaNet方法）。最后，将训练过程中的焦点损失降至最低，以支持由高尺度方差产生的大量锚点。

通过上述技术，Mediapipe Hands在手掌检测中实现了95.7%的平均精度。使用规则的交叉熵损失和无解码器，平均精度仅为86.22%。

要完成本任务，可以将实施步骤分成以下3步：

1）复制RKNN模型。

2）运行手掌检测案例。

3）显示检测结果。

1. 复制RKNN模型

```
#复制手掌检测模型
!cp models/palm_detectionu8.rknn src/hand_tracking_rknn/models/
#复制手掌关节点检测模型
!cp models/hand_landmarku8.rknn src/hand_tracking_rknn/models/
```

2. 运行手掌检测案例

```
python3 run.py
```

3. 显示检测结果

在RK3399Pro开发板连接的触摸屏上可以看到图5-3-1所示的结果。

图5-3-1　手掌检测画面

任务小结 ◀

本任务主要介绍了将模型进行保存与工程打包，接着使用文件传输工具将工程下载到嵌入式开发板中，最后进行工程代码的解压与运行，从而得到检测结果。

通过本任务的学习，读者可了解将转换好的模型和实时手掌检测工程打包，部署到边缘计算平台上运行，读者可以实际体验在嵌入式AI设备上使用NPU进行模型预测的流畅程度。该任务相关的知识技能小结的思维导图如图5-3-2所示。

图5-3-2　思维导图

参 考 文 献

[1]　高志强．边缘智能：关键技术与落地实践 [M]．北京：中国铁道出版社，2021．

[2]　卜向红．边缘计算：5G时代的商业变革与重构 [M]．北京：人民邮电出版社，2019．

[3]　赵志为．边缘计算：原理、技术与实践 [M]．北京：机械工业出版社，2021．